小型农田水利及农村饮水安全工程
内业资料整编指南

主　编　李　明　张光辉

副主编　李宝林　杜　宪　孙和强

黄河水利出版社

·郑州·

图书在版编目(CIP)数据

小型农田水利及农村饮水安全工程内业资料整编指南/李明,张光辉主编. —郑州:黄河水利出版社,2011.8
ISBN 978-7-5509-0102-5

Ⅰ.①小… Ⅱ.①李… ②张… Ⅲ.①农田水利-水利工程管理-中国-指南 ②农村给水-饮用水-给水卫生-中国-指南 Ⅳ.①S279.2-62②R123.9-62

中国版本图书馆 CIP 数据核字(2011)第 171647 号

组稿编辑:简 群 电话:0371-66026749 E-mail:w_jq001@163.com

出 版 社:黄河水利出版社
 地址:河南省郑州市顺河路黄委会综合楼14层 邮政编码:450003
发行单位:黄河水利出版社
 发行部电话:0371-66026940、66020550、66028024、66022620(传真)
 E-mail:hhslcbs@126.com
承印单位:河南地质彩色印刷厂
开本:787 mm×1 092 mm 1/16
印张:14.5
字数:266千字 印数:1—1 200
版次:2011 年 8 月第 1 版 印次:2013 年 8 月第 2 次印刷

定价:49.00元

前　　言

　　小型农田水利和农村饮水安全工程是民生水利的重要组成部分,也是水利建设工作的重点。新中国成立以来,全国各地建设了大量的小型农田水利和农村饮水安全工程,这些工程的建成对抵御水旱灾害、发展粮食生产、改善农民生产生活条件、促进农村经济和社会发展以及全面建设小康社会等方面有着十分重要的作用。但是,由于这些工程具有建设规模小、投资渠道多,且分布广、数量大的特点,使得长期以来,小型农田水利和农村饮水安全工程建设管理一直处于弱势,在相当一些地区还很不规范,极大地影响了投资效益和工程效益的最大发挥。

　　2011 年中央一号文件的正式出台,明确指出要着力解决问题最突出、矛盾最集中、群众要求最紧迫的水利问题。尤其要突出加强农田水利和农村饮水安全工程建设,从根本上改变靠天吃饭和农村饮水不安全的局面,全面增强民生水利保障能力,这就对今后的农田水利和农村饮水安全工程建设管理工作提出了更高的要求。

　　本书根据国家现行水利行业建设管理有关规定和规范,参照一些地区小型农田水利和农村饮水安全工程建设管理的做法,在做了大量调查研究的基础上,汇编成书。使小型农田水利和农村饮水安全工程在多地域、多部门实施工程中能有一个统一的内业资料整理标准,进一步规范和提高我国小型农田水利、农村饮水安全工程建设管理工作。

　　由于编者水平有限,诚望广大使用者多提宝贵意见。

编　　者

2011 年 7 月

目　录

前　言

第一部分　小型农田水利工程篇

第一章　工程内业资料整编内容、要求及样式 …………………………（1）

　　第一节　工程内业资料整编内容 …………………………………（1）

　　第二节　工程内业资料归档要求 …………………………………（2）

　　第三节　装订样式 …………………………………………………（4）

第二章　工程开工管理 ……………………………………………………（9）

　　第一节　工程开工报告审批表 ……………………………………（10）

　　第二节　工程开工报告单 …………………………………………（11）

　　第三节　工程施工合同协议书 ……………………………………（12）

　　第四节　质量监督书格式 …………………………………………（13）

　　第五节　工程项目划分核定表 ……………………………………（16）

　　第六节　项目划分一般规定 ………………………………………（18）

第三章　工程验收鉴定管理 ………………………………………………（21）

　　第一节　分部工程验收鉴定书格式 ………………………………（22）

　　第二节　单位工程验收鉴定书格式 ………………………………（24）

　　第三节　竣工验收鉴定书格式 ……………………………………（26）

　　第四节　工程建设工作报告编制大纲 ……………………………（30）

　　第五节　质量评定报告 ……………………………………………（32）

第四章　工程质量评定常用表式 …………………………………………（36）

　　第一节　单位工程质量评定表 ……………………………………（37）

　　第二节　单位工程施工质量检验资料核查表 ……………………（38）

　　第三节　水工建筑物外观质量评定表 ……………………………（41）

　　第四节　水工建筑物外观质量检测表 ……………………………（43）

　　第五节　渠道外观质量评定表 ……………………………………（48）

　　第六节　渠道外观质量检测表 ……………………………………（49）

　　第七节　排水沟道外观质量评定表 ………………………………（50）

　　第八节　排水沟道外观质量检测表 ………………………………（51）

第九节　堤防工程外观质量评定表 ……………………………… (52)

第十节　堤防单位工程外部尺寸质量检测评定表 ……………… (53)

第十一节　房屋建筑安装工程观感质量评定表 ………………… (54)

第十二节　混凝土拌和质量评定表 ……………………………… (56)

第十三节　分部工程质量评定表 ………………………………… (59)

第十四节　重要隐蔽单元工程(关键部位单元工程)质量等级签证表

　………………………………………………………………… (60)

第十五节　砂料质量评定表 ……………………………………… (61)

第十六节　粗骨料质量评定表 …………………………………… (62)

第十七节　石料质量评定表 ……………………………………… (63)

第十八节　施工放样报验单 ……………………………………… (65)

第十九节　施工质量终检合格(开工、仓)证 …………………… (66)

第二十节　排水沟单元工程质量评定表 ………………………… (67)

第二十一节　渠道单元工程质量评定表 ………………………… (68)

第二十二节　堤基清理单元工程质量评定表 …………………… (69)

第二十三节　土料碾压筑堤单元工程质量评定表 ……………… (70)

第二十四节　软基和岸坡开挖单元工程质量评定表 …………… (71)

第二十五节　混凝土单元工程质量评定表 ……………………… (73)

第二十六节　反滤工程单元工程质量评定表 …………………… (82)

第二十七节　垫层工程单元工程质量评定表 …………………… (84)

第二十八节　水泥砂浆质量评定表 ……………………………… (86)

第二十九节　水泥砂浆砌石体单元工程质量评定表 …………… (87)

第三十节　干砌石护坡单元工程质量评定表 …………………… (91)

第三十一节　浆砌石护坡单元工程质量评定表 ………………… (92)

第三十二节　混凝土预制块护坡单元工程质量评定表 ………… (93)

第三十三节　混凝土预制构件制作质量评定表 ………………… (94)

第三十四节　混凝土预制构件安装单元工程质量评定表 ……… (96)

第三十五节　造孔灌注桩基础单元工程质量评定表 …………… (98)

第三十六节　闸门安装工程质量评定表 ………………………… (99)

第三十七节　螺杆式启闭机安装工程质量评定表 ……………… (100)

第三十八节　拦污栅安装工程质量评定表 ……………………… (101)

第三十九节　水泵安装单元工程质量评定表 …………………… (102)

第四十节　涵闸单元工程质量评定表 …………………………… (103)

第四十一节　混凝土挡土墙圆涵单元工程质量评定表 ………… (104)

第四十二节　浆砌石挡土墙圆涵单元工程质量评定表 …………………（105）

第四十三节　浆砌石盖板涵单元工程质量评定表 …………………（106）

第四十四节　装配式圆涵单元工程质量评定表 …………………（107）

第四十五节　梯田工程单元工程质量评定表 …………………（108）

第四十六节　沟头防护工程单元工程质量评定表 …………………（109）

第四十七节　小块水地单元工程质量评定表 …………………（110）

第四十八节　人工种草单元工程质量评定表 …………………（111）

第四十九节　育苗单元工程质量评定表 …………………（112）

第五十节　坝坡修整单元工程质量评定表 …………………（113）

第五十一节　谷坊单元工程质量评定表 …………………（114）

第五十二节　造林单元工程质量评定表 …………………（115）

第五十三节　果园单元质量评定表 …………………（116）

第五十四节　现浇混凝土单元工程质量评定表 …………………（117）

第五十五节　输电线路安装单元工程质量评定表 …………………（118）

第五十六节　土地平整单元工程质量评定表 …………………（120）

第五十七节　铁涵闸工程质量评定表 …………………（121）

第五十八节　钢（铁）涵洞工程质量评定表 …………………（122）

第五十九节　晒水池工程质量评定表 …………………（123）

第六十节　水稻育秧大棚高台单元工程质量评定表 …………………（124）

第六十一节　泥结碎石路面单元工程质量评定表 …………………（125）

第六十二节　道路单元工程质量评定表 …………………（126）

第六十三节　暗管、鼠洞单元工程质量评定表 …………………（127）

第六十四节　混凝土预制块衬砌单元工程质量评定表 …………………（128）

第六十五节　暗管检修井单元工程质量评定表 …………………（129）

第二部分　农村饮水安全工程篇

第一章　工程内业资料整编内容、要求及样式 …………………（131）

第一节　工程内业资料整编内容 …………………（131）

第二节　工程内业资料归档要求 …………………（133）

第三节　装订样式 …………………（134）

第二章　工程开工管理 …………………（138）

第一节　单位工程开工报告申请审批表 …………………（139）

第二节　承建单位开工申请审批表 …………………（140）

第三节　招标报告及招标代理合同 …………………（144）

第四节　工程施工合同及监理合同 ·················· （163）

第五节　农村饮水安全工程项目划分表 ·················· （171）

第三章　工程验收鉴定管理 ·················· （172）

第一节　分部工程验收鉴定书格式 ·················· （173）

第二节　初步验收鉴定书格式 ·················· （180）

第三节　竣工验收鉴定书格式 ·················· （184）

第四节　饮水安全工程实际受益人口和补助资金到位统计表 ·················· （189）

第五节　饮水安全项目验收内容和评分标准 ·················· （190）

第六节　各类工作报告编制大纲 ·················· （192）

第三章　工程质量评定常用表式 ·················· （195）

第一节　单位工程质量评定表 ·················· （196）

第二节　分部工程质量评定表 ·················· （197）

第三节　水源井凿井单元工程质量评定表 ·················· （198）

第四节　水源井泵房单元工程质量评定表 ·················· （206）

第五节　供水设备安装单元工程质量评定表 ·················· （211）

第六节　供水管道单元工程质量评定表 ·················· （216）

第七节　单井抽水试验水位、流量观测记录 ·················· （219）

附件　《小型农田水利及农村饮水安全工程内业资料整编指南》

条文说明 ·················· （220）

第一部分　小型农田水利工程篇

第一章　工程内业资料整编内容、要求及样式

根据《水利工程建设项目档案管理规定》(水办〔2005〕480号)文件要求,结合小型农田水利工程的特点,本书编写了工程资料整编内容、归档要求以及单位工程资料总目录样式、档案封皮样式、档案盒正面样式、档案盒侧面样式和竣工图章及竣工图确认章样式。

工程资料整编内容、归档要求及装订样式的确定,可以解决工程内业资料归档内容不全、格式不统一和随意性大等问题,为各单位提供一套完整、齐全和格式规范的档案资料。

第一节　工程内业资料整编内容

根据小型农田水利工程特点,将工程内业资料整编内容分为三卷整理,即工程建设管理卷、施工文件材料卷和监理文件材料卷。

一、工程建设管理卷

1.工程设计文件(包括项目建议、初步设计、实施方案及批复文件)

2.工程计划批准文件

3.工程招标投标文件(招标投标文件可单附)

4.工程合同文件(招标代理、监理、设计、施工)

5.工程质量监督书、工程项目划分及审批

6.开工报告审批表

7.开工报告单

8.分部工程验收鉴定书

9.单位工程验收鉴定书

10.工程竣工验收鉴定书

11.工程质量评定报告

12.工程建设工作报告

13.其他相关资料

二、施工文件材料卷

1.施工图纸、设计变更、施工技术说明及要求、图纸会审记录或纪要

2.施工组织设计,施工计划、方案、工艺、措施

3.隐蔽工程验收记录

4.工程质量评定

5.设备产品出厂资料、图纸说明书、测绘验收、安装调试、性能鉴定及试运行等资料

6.各种原材料、构件质量鉴定,检查检测试验资料

7.各种试验报告单

8.工程施工日志

9.工程照片

10.工程竣工图

11.其他相关资料

三、监理文件材料卷

1.监理合同

2.监理规划

3.监理大事记、会议纪要

4.监理日志

5.变更价格审查、延长工期、支付审批、索赔处理文件

6.监理工程师通知单、批复文件等

7.其他有关的重要来往文件

8.其他相关资料

第二节　工程内业资料归档要求

一、卷内资料印制要求

(1)资料内容也可用计算机打印,但签字栏、日期及审查意见一律手填。

(2)每卷最大厚度为300页,超过300页,则需要分册装订。但需用代号注

明,不足 300 页也可为一册。

二、卷内资料签字盖章要求

（1）卷内资料签字及记录必须用碳素墨水、蓝黑墨水或油墨印刷,如用铅笔、圆珠笔、纯蓝墨水填写无效。

（2）卷内资料由责任人签字部位必须由责任人签字或盖个人名章,如有空缺无效。

（3）卷内资料由责任单位签字盖章部位必须由责任单位责任人签字加盖单位公章,缺一无效。

（4）卷内资料的填写必须全面真实,并注明日期。

三、卷皮书写及装订要求

（1）各卷封皮一律采用黄色卷皮统一装订,卷皮书写一律采用计算机打字。

（2）各卷装订完毕后,分卷装入尼龙档案盒。档案盒封面或侧面用计算机白纸打字后插入夹贴内,其书写字体及型号符合统一要求。

（3）归卷整理完整、干净、整齐。

四、各种资料用纸规格要求

各种资料用纸规格统一为 A4 纸。

五、资料归档要求

（1）各卷内必设全套(一至三卷)总目录,不装订,插入卷内目录首页,卷内目录应装订。

（2）每卷单独编写页号,各卷页号不连续,用打号机打印,已装订成册的出版物等,并已有页号,可不再重新编号,只需在页数栏中说明此序号共有多少页。

（3）工程验收资料整理归档工作以施工单位为主,建设、监理单位负责把关并提供相应资料。

（4）工程项目完成后,对各阶段完成的单位工程资料总卷内目录要清晰、有条理,工程资料整编及归档要求,参照本规定的各项要求。

第三节 装订样式

一、单位工程资料总目录样式

序号	资料名称	卷内编号	页数	资料提供单位	日期
第一卷					
1				华文中宋14号	
2					
3					
4					
5					
⋮					
第二卷					
1					
2					
3					
4					
5					
⋮					
第三卷					
1					
2					
3					
4					
5					
⋮					

二、档案封皮样式

小型农田水利工程

华文中宋24号

××××工程竣工资料

华文中宋28号

第一卷
1—1

华文中宋36号

工程建设管理卷

自　年　月至　年　月	保管期限	
本卷共　　件　　页	归档号	

三、档案盒正面样式

档　　号：XSDA200×-×××

华文中宋18号

×××县××××工程

华文中宋20号

工程建设管理卷

华文中宋24号

四、档案盒侧面样式

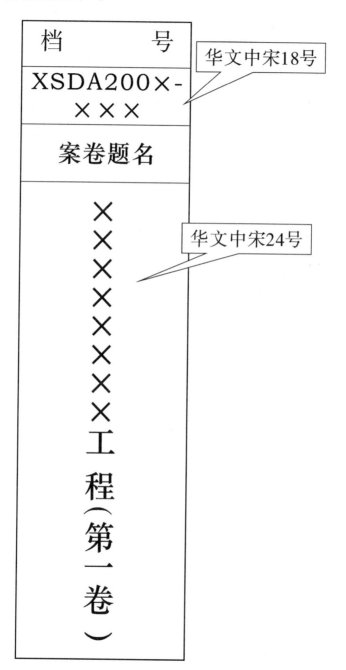

五、竣工图章及竣工图确认章样式

竣工图章　（比例:1:1;单位:mm）

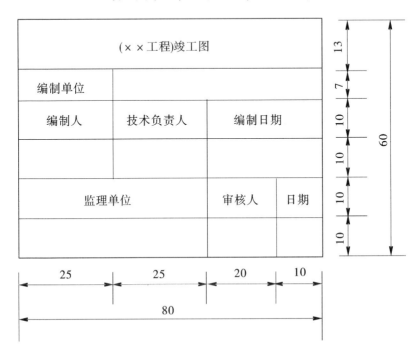

竣工图确认章　（比例:1:1;单位:mm）

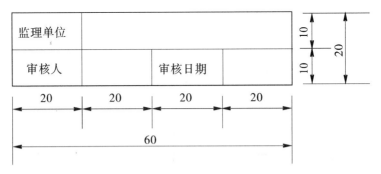

注: 竣工图章中(××工程)应在图章制作时,直接填写上工程项目的全称;竣工图章与确认章中的编制单位与监理单位均可在图章制作时,直接填写清楚。

第二章 工程开工管理

工程开工管理是基本建设程序的重要环节,是加强建设管理工作的有效手段。认真做好开工管理工作,对于严格执行水利工程基本建设程序,切实保证工程质量、安全,依法规范有序地开展工程建设具有重要的作用。根据《国务院对确需保留的行政审批项目设定行政许可的决定》(国务院令第 412 号)中第 173 条设定了"水利工程开工审批"行政许可、《建设工程质量管理条例》(国务院令第 279 号)中第十三条规定"建设单位在领取施工许可证或者开工报告前,应当按照国家有关规定办理工程质量监督手续"等规定,结合小型农田水利工程特点,以区别大中型水利工程为原则,搜集整理工程开工手续及项目划分格式,本项要求适用于各类投资兴建的小型农田水利工程。

本章侧重于中标施工单位的确定、质量监督手续的办理、开工手续的报批和项目划分的编制与确认四个方面,解决了各部门投资兴建的小型农田水利工程建设管理程序不明确、格式不统一、程序烦琐等问题,有效保证了参加建设各方的权益,以利于提高工程的建设质量。

第一节 工程开工报告审批表

小型农田水利工程开工报告审批表

工程名称：				
建设地点：				
项目法人	名　　称			
	法人代表		电话	
计划下达单位、文号				
计划开、竣工日期				
工程概况：(工程规模、设计标准、建设内容与主要工程量、工程投资)				
简述开工前准备工作情况： 　1.前期工程各阶段文件已按规定批准,施工图设计满足施工要求。 　2.工程承包合同已经签订。 　3.现场各项准备工作已就绪,能够满足主体工程开工需要。 　　　　　　　　　　　　　　　　　　　　建设单位(章) 　　　　　　　　　　　　　　　　　　年　　月　　日				
主管部门意见： 　　　　　　　　　　　　　　　　　　　　主管部门(章) 　　　　　　　　　　　　　　　　　　年　　月　　日				

注:工程名称及工程量必须要与招标文件中一致。

第二节 工程开工报告单

小型农田水利工程开工报告单

工程名称：　　　　　　　　　　　　合同编号：

致：监理机构 　　根据合同约定,我方已完成了开工前的各项准备工作,计划于_____年_____月_____日开工,请审批。 已完成的前期工作有： 　1.施工组织设计； 　2.施工测量放线； 　3.主要人员、材料、设备已进场； 　4.主要现场道路、水、电、通信等已达到开工条件； 　5.其他。   　　　　　　　　　施工单位：(章) 　　　　　　　　　项目经理：(签名)   　　　　　　　　　日　期：_____年___月___日
审批意见：   　　　　　　　　　监理机构(章) 　　　　　　　　　总监理工程师(签名)：   　　　　　　　　　日　期：_____年___月___日

注：工程名称及合同编号必须要与招标文件中一致。

第三节　工程施工合同协议书

合同协议书

_____（发包人名称,以下简称"发包人"）为实施_____
（项目名称）,已接受_____（承包人名称,以下简称"承包人"）对该
项目_____标段施工的投标。发包人和承包人共同达成如下协议。

1.本协议书与下列文件一起构成合同文件:

(1)中标通知书;

(2)投标函及投标函附录;

(3)专用合同条款;

(4)通用合同条款;

(5)技术标准和要求;

(6)图纸;

(7)已标价工程量清单;

(8)其他合同文件。

2.上述文件互相补充和解释,如有不明确或不一致之处,以合同约定次序在
先者为准。

3.签约合同价:人民币(大写)_____元(￥_____)。

4.承包人项目经理:_____。

5.工程质量符合_____标准。

6.承包人承诺按合同约定承担工程的实施、完成及缺陷修复。

7.发包人承诺按合同约定的条件、时间和方式向承包人支付合同价款。

8.承包人应按照监理人指示开工,工期为____日历天。

9.本协议书一式____份,合同双方各执一份。

10.合同未尽事宜,双方另行签订补充协议。补充协议是合同的组成部分。

发包人:_____（盖单位章）　　　　　承包人:_____（盖单位章）

法定代表人或其委托代理人:　　　　　　法定代表人或其委托代理人:

_____（签字）　　　　　　　　　　_____（签字）

____年___月___日　　　　　　　　____年___月___日

第四节　质量监督书格式

小 型 农 田 水 利 工 程

质 量 监 督 书

项目名称：_____工程

项目法人：　（印章）　　　法人代表：　（印章）

监督单位：　（印章）　　　法人代表：　（印章）

年　　月　　日

表一

项目名称			工程建设地点		
主管部门					
初设批准单位			批准文号及日期		
项目法人	全　称				
	批准单位		批准文号		
	法人代表姓名		联系电话		
项目法人通信地址及邮政编码					
设计单位	单位名称及资质等级				
	项目设计负责人		联系电话		
监理单位	单位名称及资质等级				
	项目总监		联系电话		
检测单位	单位名称及资质等级				
	检测负责人		联系电话		
工程规模及主要技术指标					

表二

批准概算总投资（万元）				计划开工日期	
建安工程量（万元）				计划竣工日期	
工程量	总工程量				万m³
	其中	土 方			万m³
		石 方			万m³
		混凝土方			万m³
		其 他			万m³
监督方式及监督责任人	监督方式		□巡回检查　□设监督组　□设项目站		
	负责人		职 称	联系电话	
	成 员		职 称	联系电话	
	成 员		职 称	联系电话	
	成 员		职 称	联系电话	
监督期		年　月　日至　　年　月　日			
备 注					

第五节　工程项目划分核定表

小型农田水利工程项目划分核定表

工程项目名称			
项目法人		开工时间	年　月　日
监督机构			

工程项目划分情况	建设单位组织设计、施工单位依据《水利水电工程施工质量检验与评定规程》(SL 176—2007)的有关规定和设计要求等,对 _____工程项目进行划分,该工程项目共划分为_____个单位工程,_____个分部工程,_____个单元工程(详见"工程项目划分表")。
工程项目划分审定意见	经我站对工程项目划分结果进行审核,认定该工程项目划分符合《水利水电工程施工质量检验与评定规程》(SL 176—2007)的有关规定。_____ 是该工程项目的划分结果。参加工程建设的各有关部门和单位应按照工程项目划分进行质量控制和质量评定,确保工程质量。 　　　　　监督机构:(章) 　　　　　审定人:(签名) 　　　　　审定时间:　　　年　月　日

工 程 项 目 划 分 表

工程项目名称：

填表日期： 年 月 日 No.

序号	单位工程名称	序号	分部工程名称	序号	单元工程名称	单元工程划分原则	质量标准及控制要求

项目法人负责人：＿＿＿ 监理工程师：＿＿＿ 设计代表：＿＿＿

施工单位负责人：＿＿＿

第六节 项目划分一般规定

小型农田水利工程划分为单位工程、分部工程、单元工程,编码按三级代码排序。工程项目划分和主要单位工程、分部工程、单元工程以及工程关键部位、重要隐蔽工程参照《水利水电工程施工质量检验与评定规程》(SL 176—2007)规定确定,并由监理单位组织相关单位于主体工程开工前共同研究确定后,将项目划分结果报质量监督机构核定。

一、单位工程划分

一般按建设单位每年度小型农田水利工程建设计划作为一个单位工程。对工程规模大、分标段的项目可按标段划分单位工程。

二、分部工程划分

(1)对建设内容单一的项目,土方工程可按照长度进行划分、建筑物工程可按照座数进行划分,原则上分部工程数量不宜少于5个。

(2)对建设内容多样的项目,按照其工程主要类型归类划分,原则上分部工程数量不宜少于5个。

三、单元工程划分

(1)单元工程应按照施工方法相同、工程量相近,便于进行质量控制和考核的原则划分。

(2)对建设内容单一、规模较大的项目,可参照水利水电基本建设工程单元质量等级评定标准规定划分。

(3)对建设内容多样的项目,土方工程,可按照长度或条数进行划分;小型建筑物工程,以1座或几座(不宜超过5座)划为一单元工程。

小型农田水利工程项目划分示例表

工程类别	单位工程	分部工程	单元工程
土方工程 (独立)	堤防工程	1. 堤基(身)清基 2. 料场清基 3. 堤防填筑	各分部每500 m为一单元
	沟(渠)工程	沟(渠)工程	每500 m为一单元
建筑物工程 (独立)	桥梁工程	1. 基础工程 2. 上部支撑结构 3. 桥面工程 4. 引桥工程 5. 防护工程	按每次浇筑混凝土量为一单元或按不同工程部位或不同标号要求划分
	水闸工程	1. 基础开挖及处理工程 2. 进口段 3. 闸室 4. 出口段 5. 金属结构安装	按每次浇筑混凝土量为一单元或按不同工程部位或不同标号要求划分
	泵站工程	1. 基础开挖及处理工程 2. 进口段 3. 泵室 4. 压力方涵 5. 出口段 6. 泵房 7. 机电设备安装 8. 金属结构设备安装	按每次浇筑混凝土量为一单元或按不同工程部位或不同标号要求划分

工程类别	单位工程	分部工程	单元工程
灌（涝）区工程	灌（涝）区工程	1.沟(渠)土方工程 2.涵(闸)工程 3.小型桥梁工程 4.小型灌(排)站	大型沟渠每500 m为一个单元,小型沟渠每条为一个单元 每座为一个单元 按工程部位划分单元 按泵站工程的各分部变为单元划分
土坝工程（独立）		1.坝基及岸坡处理工程 2.防渗体填筑工程 3.坝体填筑工程 4.坝前护坡工程 5.坝后排水工程 6.防浪墙工程 7.溢洪道工程 8.输水洞工程	每100～500 m为一个单元
护坡工程		1.软基及岸坡开挖工程 2.反滤工程 3.砌石(混凝土)护坡工程 4.固脚工程 5.坡顶防护工程	每100～500 m为一个单元

第三章　工程验收鉴定管理

工程竣工验收是加强政府监督管理、保障工程质量的一个重要制度；工程验收鉴定书是各行政主管部门、建设单位对工程建设质量达到验收合格状态的标志。工程验收贯穿整个建设过程，在工程建设过程中处于举足轻重的地位。

由于农田水利工程存在着建设规模小、造价低和工程技术含量小等因素，因此工程验收可只分为分部工程验收、单位工程验收和竣工验收三个部分。本章根据《水利水电建设工程验收管理规程》(SL 223—2008)规定的分部工程验收鉴定书、单位工程验收鉴定书、竣工验收鉴定书格式和竣工验收主要工作报告内容格式，结合农田水利工程建设管理实际，简化修订而成，着重解决了各部门投资兴建的小型农田水利工程步骤、建设管理程序不一致、格式不统一、程序烦琐等问题，有效地保障了投资效益。

第一节　分部工程验收鉴定书格式

编号：

×××工程

×××分部工程验收

鉴　定　书

单位工程名称：

×××工程验收工作组

年　　月　　日

×××分部工程验收鉴定书

开、完工日期		
分部工程建设内容	主要内容及质量指标	
施工过程及完成的主要工程量	使用的设备,施工程序和方法及工程量	
事故及质量缺陷处理情况		
拟验工程质量评定等级意见	单元个数、合格率、施工单位自检、监理抽检结果,监理复核意见,分部评定等级意见	
验收遗留问题及处理意见		
验收结论		
保留意见	(保留意见人、签字)	
监理单位		签字
		签字
建设单位		签字
		签字
设计单位		签字
		签字
施工单位		签字
		签字
运行管理单位		签字
		签字

第二节　单位工程验收鉴定书格式

×××工程
×××单位工程验收

鉴　定　书

×××工程验收工作组

年　月　日

×××单位工程验收鉴定书

单位工程概况	1. 工程名称及位置 2. 主要建设内容 3. 建设过程(开、完工日期)
验收范围、 地点、时间	
单位工程完成的 主要工程量	
单位工程质量评定	1. 分部质量评定 2. 外观质量评定 3. 工程质量检测情况 4. 单位工程质量评定等级意见
分部工程验收遗留 问题及处理情况	
运行准备情况	
存在主要问题及 处理意见	
验收结论	
保留意见	(保留意见人、签字)

验收组	单位名称	签字
主任委员		
副主任委员		
副主任委员		
委员		
委员		
委员		
委员		
委员		
委员		

第三节 竣工验收鉴定书格式

小型农田水利工程
×××工程竣工验收

鉴 定 书

×××工程竣工验收委员会

年 月 日

前言(包括验收依据、组织机构、验收过程等)

一、工程设计和完成情况

　　(一)工程名称及位置

　　(二)工程主要任务和作用

　　(三)工程设计主要内容:

　　1.工程立项、设计批复文件;

　　2.设计标准、规模及主要技术经济指标;

　　3.主要建设内容及建设工期;

　　4.工程投资及投资来源。

　　(四)工程建设有关单位(见附表)

　　(五)工程施工过程:

　　1.工程及主要项目开工、完工时间;

　　2.重大设计变更;

　　3.重大技术问题及处理情况。

　　(六)工程完成情况和完成的主要工程量

二、工程验收及鉴定情况

　　(一)分部工程验收

　　(二)单位工程验收

三、工程质量

　　(一)工程质量监督

　　(二)工程项目划分

　　(三)工程质量评定

四、概算执行情况

　　(一)投资计划下达及资金到位

　　(二)投资完成及交付资产

　　(三)预计未完工程投资及预留费用

　　(四)竣工财务决算报告编制

　　(五)审计报告

五、工程尾工安排

六、工程运行管理情况

　　(一)管理机构、人员和经费情况

　　(二)工程移交

七、意见和建议

八、验收结论

　　(一)工程规模、工期、质量、投资控制及投入使用方面的结论

　　(二)工程档案资料整理方面的结论

九、保留意见(应有本人签字)

十、验收委员会成员签字表(见表1)

十一、被验收单位代表签字表(见表2)

表1 验收委员会成员签字表

成员	姓名	单位(全称)	职称	签字	备注
主 任 委 员					
副主任委员					
副主任委员					
委 员					
委 员					
委 员					
委 员					
委 员					
委 员					
委 员					
委 员					
委 员					
委 员					
委 员					
委 员					
委 员					
委 员					
委 员					
委 员					
委 员					

表2　被验收单位代表签字表

姓　名	单位(全称)	职务(职称)	签　字	备　注
	××××单位 (项目法人)			
	××××单位 (监理单位)			
	××××单位 (设计单位)			
	××××单位 (施工单位)			
	××××单位 (运行管理单位)			

第四节　工程建设工作报告编制大纲

一、工程概况

工程位置、工程布置、主要经济技术指标、主要建设内容、项目建议及初设等文件的批复过程等。

二、工程建设简况

工程施工分标情况及参建单位、主要项目及重要临建设施的开完工日期、施工准备、重大技术问题处理、施工期防汛度汛、重大设计变更及对工程建设有较大影响的事件等。

三、项目管理

(一)机构设置及工作情况

包括建设、监理、设计、施工单位、上级主管部门、质量监督部门及运行管理单位等为工程建设服务的机构设置及工作情况。

(二)主要项目招标过程

主要项目招标过程(略)。

(三)工程概算与投资计划

主要反映批准概算与实际执行情况,年度计划安排、投资来源及完成情况,概算调整的主要原因。

(四)合同管理

主要反映工程所采取的合同类型及合同执行结果。

(五)材料及设备供应

主要反映材料和油料、电力及主要设备的供应方式,材料及设备供应对工程建设的影响,工程完工时是否做到工完料清。

(六)价款结算与资金筹措

包括项目法人筹资方式、资金筹措对工程建设的影响、合同价款结算方法和特殊问题的处理情况、至竣工时有无工程款拖欠情况。

四、工程质量

工程质量管理体系、主要工程质量控制标准、单元工程和分部工程质量数据统计、质量事故处理结果等。

五、工程初期运行及效益

施工期间工程运用和效益发挥情况。

六、历次验收情况

分部工程、单位工程验收情况。

七、工程移交及遗留问题处理（略）

八、竣工决算及审计情况（略）

九、经验与建议（略）

第五节　质量评定报告

小型农田水利工程

质 量 评 定 报 告

工 程 名 称:＿＿＿＿＿＿＿＿

质量监督单位:＿＿＿＿＿＿＿＿

年　　月　　日

工 程 名 称		建 设 地 点	
工 程 规 模		所 在 河 流	
开 工 日 期		完 工 日 期	
建 设 单 位		监 理 单 位	
设 计 单 位		施 工 单 位	

工程设计及批复情况（简述工程主要设计指标、效益及主管部门的批复文件）：

工程建设情况：

质量监督情况(简述人员的配备、办法及手段)：

质量数据分析(简述工程质量评定项目的划分,分部、单位、枢纽工程的优良品率及中间产品分析计算结果)：

质量事故及处理情况：

遗留问题的说明：

第四章 工程质量评定常用表式

工程质量评定是工程建设质量是否达到合格标准的依据,施工质量评定表是工程质量评定的标志,也是保证工程质量的一种有效手段。

本章根据《水利水电工程施工质量检验与评定规程》(SL 176—2007)规定,结合农发、扶贫、土地开发整理和水土保持等项目实际,按照水利水电工程施工质量评定表规定的格式,搜集整理修订而成的。

本章补充了水土保持、土地平整等项目的单元工程评定表,为水利水电工程施工质量评定提供了统一的表格格式,解决各单位对表格填写的要求和对相关技术标准的理解产生的差异,进一步提高填写表格的准确性和完整性。

第一节 单位工程质量评定表

小型农田水利工程单位工程质量评定表

工程项目名称		施工单位	
单位工程名称		施工日期	
单位工程量		评定日期	

序号	分部工程名称	质量等级		序号	分部工程名称	质量等级	
		合格	优良			合格	优良
1				8			
2				9			
3				10			
4				11			
5				12			
6				13			
7				14			

分部工程共___ 个,其中优良_____个,优良率_____ %,主要分部工程优良率___ %。

原材料质量	
中间产品质量	
金属结构、启闭机制造质量	
外观质量	
施工质量检验资料	
质量事故情况	

施工单位自评等级:	建设(监理)单位复核等级:
评定人:	复核人:
项目经理:　　　(公章) 　　　　　　　　　年 月 日	建设(监理)单位:(公章) 　　　　　　　　　年 月 日

第二节　单位工程施工质量检验资料核查表

小型农田水利工程单位工程施工质量检验资料核查表

单位工程名称			施工单位	
			核定日期	

项次		项　　目	份数	核查情况
1	原材料	水泥出厂合格证、厂家试验报告		
2		钢材出厂合格证、厂家试验报告		
3		外加剂出厂合格证及技术性能指标		
4		粉煤灰出厂合格证及技术性能指标		
5		防水粉出厂合格证、厂家试验报告		
6		止水带出厂合格证及技术性能试验报告		
7		土工布出厂合格证及技术性能试验报告		
8		装饰材料出厂合格证及有关技术性能资料		
9		水泥复验报告及统计资料		
10		钢材复验报告及统计资料		
11		其他原材料出厂合格证及有关技术性能资料		
12	中间产品	砂、石骨料试验资料		
13		石料试验资料		
14		混凝土拌和物检查资料		
15		混凝土试件统计资料		
16		砂浆拌和物及试件统计资料		
17		混凝土预制（块）检验资料		

项次		项 目	份数	核查情况
18	金属结构及启闭机	拦污栅出厂合格证及有关技术文件		
19		闸门出厂合格证及有关技术文件		
20		启闭机出厂合格证及有关技术文件		
21		压力钢管生产许可证有关技术文件		
22		闸门、拦污栅安装测量记录		
23		压力钢管安装测量记录		
24		启闭机安装测量记录		
25		焊接记录及探伤报告		
26		焊工资质证明材料(复印件)		
27		运行试验记录		
28	机电设备	产品出厂合格证、厂家提交的安装说明书及有关文件		
29		重大设备质量缺陷处理资料		
30		水轮发电机组安装测量记录		
31		升压变电设备安装测试记录		
32		电气设备安装测试记录		
33		焊缝探伤报告及焊工资质证明		
34		机组调试及试验记录		
35		水力机械辅助设备试验记录		
36		发电电气设备试验记录		
37		升压变电电气设备检测试验报告		
38		管道试验记录		
39		72 小时试运行记录		

项次		项 目	份数	核查情况
40	重要隐蔽工程施工记录	灌浆记录、图表		
41		造孔灌注桩施工记录、图表		
42		振冲桩振冲记录		
43		基础排水工程施工记录		
44		地下防渗墙施工记录		
45		其他重要施工记录		
46	综合资料	质量事故调查及处理报告、重大缺陷处理检查记录		
47		工程试运行期观测资料		
48		工序、单元工程质量评定表		
49		分部工程、单位工程质量评定表		

施工单位自查意见	建设(监理)单位复查结论
自查: 填表人: 质检部门负责人： (公章) 年 月 日	复查: 复查人: 建设(监理)单位： (公章) 年 月 日

注:核查意见填写尺度:齐全(指单位工程能按照水利水电行业施工规范、《评定标准》和《评定规程》要求具体数量和内容完整的技术资料)和基本齐全(指单位工程的质量检验资料的类别或数量不够完善,但已有资料仍能反应其结构安全和使用功能符合设计要求者)。

第三节　水工建筑物外观质量评定表

小型农田水利工程水工建筑物外观质量评定表

单位工程名称			施工单位		
主要工程量			评定日期		
项次	项目		标准分(分)	实得分(分)	得分率(%)	备注
1	建筑物外部尺寸		12			
2	主要部位高程		10			
3	轮廓线		10			
4	表面平整度		10			
5	立面垂直度		10			
6	大角方正		5			
7	扭曲面与平面联结		9			
8	变形缝		3			
9	建筑物附属部分(梯步、栏杆、灯饰)		2			
10	混凝土表面无缺陷		7			
11	表面钢筋割除		4			
12	砌体砌缝	砌石、混凝土板宽度均匀、平整	4			
		竖、横缝平直	4			
13	启闭平台梁、柱、排架		5			
14	电站附属设施	厂房	4			
		变电工程	4			
		盘柜	4			
		电缆线	3			
		油气、水、管路	2			

项次	项目		标准分(分)	实得分(分)	得分率(%)	备注
15	表面清洁,无附着物	建筑物表面	6			
		金属表面	4			
16	厂区布局	布局	2			
		绿化	1			
		道路及排水	2			
17	站舍建设		5			
18						
合计			应得____分,实得____分,得分率____%。			

外观质量评价意见:

经外观质量评定小组打分统计,该工程外观质量评定得分率____%,根据《水利水电工程外观质量评定规程》,该单位工程外观质量评定为合格。

参加外观质量评定人员名单

工作单位	姓名	职务、职称	签名

第四节 水工建筑物外观质量检测表

小型农田水利工程水工建筑物外观质量检测表

单位工程名称					施工单位				
主要工程量					检测日期				

序号	检测项目			允许偏差	标准分	检测结果			得分
						测点数	合格点数	合格率（％）	
一、建筑物外部尺寸	（一）轴线	垂直堤轴线检测		±4 cm	3	5			
	（二）进、出口翼墙	进口翼墙尺寸	高	3 cm	0.3	1			
			长	4 cm	0.3	1			
			厚	−1～2 cm	0.3	1			
			间距	±3 cm	0.6	2			
		出口翼墙尺寸	宽	3 cm	0.3	1			
			长	4 cm	0.3	1			
			厚	−1～2 cm	0.3	1			
			对角线	±3 cm	0.6	2			
	（三）闸室	闸室尺寸	高	3 cm	0.6	2			
			厚	0～2 cm	0.6	2			
			长	3 cm	0.6	2			
			间距	±3 cm	1.2	4			
	（四）洞身	洞身尺寸	长	3 cm	0.6	2			
			宽	0～2 cm	0.6	2			
			高	3 cm	0.6	2			
			对角线	±3 cm	1.2	4			

序号	检测项目		允许偏差	标准分	检测结果			得分
					测点数	合格点数	合格率（%）	
二、主要部位高程	（一）进出口段	进出口翼墙	3 cm	1.5	4			
		进出口底板	±2 cm	1.5	4			
	（二）洞身段	洞身底板	±2 cm	1.5	3			
		洞身顶板	2 cm	1.5	3			
	（三）闸室段	闸室底板	±2 cm	2	3			
		墙顶	0～3 cm	2	3			
三、轮廓线	（一）感观	各部位轮廓线	凭感观打分	2				
	（二）检测分	进出口护板肩、底线	±2 cm	2	4			
		进出口墙顶、底线	±2 cm	2	4			
		洞身顶角、底角线	±3 cm	2	2			
		闸室墙顶、底边线	±2 cm	2	4			
四、表面平整度	（一）进出口护砌	干砌石护底	5 cm	1	4			
		混凝土板护底、护坡	1 cm	1	4			
	（二）进出口底板	底板	1 cm	1	4			
		翼墙	1 cm	2	8			
	（三）洞身	底、顶板	1 cm	1	4			
		边墙	1 cm	1	4			
	（四）闸室	底板	1 cm	1	4			
		边墙	1 cm	2	8			

序号	检测项目		允许偏差	标准分	检测结果			得分
					测点数	合格点数	合格率（%）	
五、立面垂直度	（一）进出口边墙	进口边墙	5‰	1.5	4			
		出口边墙	5‰	1.5	4			
	（二）洞身	左墙	5‰	1.5	3			
		右墙	5‰	1.5	3			
	（三）闸室	闸门槽	3‰	2	2/孔			
		边、隔墙	5‰	2	2/孔			
六、大角方正	（一）	进出口边墙	±1°	2	4			
	（二）	洞身边角	±2°	1	2			
	（三）	闸室边墙	±1°	2	4			
七、扭曲面与平面联接	（一）进出口、洞身	感观分	凭感观打分	1				
		检测分	±2 cm	2	4			
	（二）闸与洞身	感观分	凭感观打分	2				
		检测分	±2 cm	4	4/孔			
八、变形缝		感观分	凭感观打分	3				
九、建筑物附属部分	（一）梯步	感观分	凭感观打分	2				
	（二）栏杆	感观分	凭感观打分	2				
	（三）灯饰	感观分	凭感观打分	2				

序号	检测项目		允许偏差	标准分	检测结果			得分
					测点数	合格点数	合格率（%）	
十、混凝土表面无缺陷	（一）	感观分	凭感观打分	2				
	（二）检测	进、出口翼墙	计算面积	4	缺面/总面			
		洞身墙顶	计算面积	3	缺面/总面			
		闸室墙顶、底边线	计算面积	3	缺面/总面			
十一、表面钢筋割除	（一）	钢筋割除彻底		4	全部			
	（二）	钢筋割除不彻底		1	全部			
	（三）	钢筋没有割除			全部			
十二、砌体砌缝	（一）	砌石	15 mm	1	5			
		混凝土板	8 mm	3	10			
	（二）	竖缝	3 mm	2	10			
		横缝	2 mm	2	10			
十三、启闭平台	（一）	高程	3 cm	1	2			
	（二）	梁、边线直	±3 mm	1	2			
	（三）	柱垂直度	5%	1	2			
	（四）	板平整度	1 cm	1	2			
	（五）	启闭机安装	凭感观打分	1				

序号	检测项目		允许偏差	标准分	检测结果			得分
					测点数	合格点数	合格率（%）	
十四、电站附属设施	（一）厂房	感观分	凭感观打分	2				
		检测厂房地面高程	3 cm	2	4			
	（二）变电工程	感观分	凭感观打分	4				
	（三）盘柜	感观分	凭感观打分	4				
	（四）电缆线	感观分	凭感观打分	3				
	（五）电站油气、水、管路	感观分	凭感观打分	2				
十五、表面清洁，无附着物	（一）建筑物表面清洁度	感观分	凭感观打分	6				
	（二）金属表面	感观分	凭感观打分	4				
十六、厂区布局	（一）	布局	凭感观打分	2				
	（二）	绿化	凭感观打分	1				
	（三）	道路及排水	凭感观打分	2				
十七、站舍建设		感观分	凭感观打分	5				
十八、								
综合评述：								
负责人（签名）			测量人（签名）			记录人（签名）		

第五节 渠道外观质量评定表

小型农田水利工程渠道外观质量评定表

单位工程名称				主要工程量		
施工单位				评定日期		

项次	项目	标准分	实得分	得分率（%）	备注
1	外部尺寸				
2	轮廓线顺直				
3	表面平整度				
4	曲面、平面联接平顺				
5					
合计		应得____分,实得____分,得分率____%。			

外观质量评价意见：

经外观评定委员会测评打分,该单位工程外观质量评定得分率为____%,外观质量评为____。

参加外观质量评定人员名单			
工作单位	姓名	职务、职称	签名

第六节　渠道外观质量检测表

小型农田水利工程渠道外观质量检测表

单位工程名称				主要工程量				
施工单位				检测日期				
序号			检测项目	允许偏差	标准分	检测结果			得分
						测点数	合格点数	合格率(%)	
渠道工程	一、外部尺寸	1	渠道轴线	±50 cm	5	10			
		2	渠底高程	0～10 cm	5	10/2000 m			
		3	渠底宽度	±10 cm	5	10/2000 m			
		4	渠道上口宽度	±10 cm	5	10/2000 m			
		5	戗台宽度	±10 cm	4	10/2000 m			
		6	戗台高程	±10 cm	4	10/2000 m			
		7	堤顶高程	0～10 cm	4	10/2000 m			
		8	堤顶宽度	±10 cm	4	10/2000 m			
		9	渠道边坡坡度 m 值	0～0.05	4	10/2000 m			
	二、轮廓线顺直		渠底边线	±30 cm	2	10/2 组			
			渠道上口边线	±30 cm	3	10/2 组			
			戗台边线	±30 cm	2	10/2 组			
			堤防边线	±30 cm	3	10/6 组			
	三、表面平整度	观感分	符合设计要求,观感检测平整度好满分,不足酌情扣分		5				
		检测分	渠坡、戗台、堤防面各检测20点	±10 cm	15				
	四、曲面、平面联接平顺	观感分	观感好满分,不足酌情扣分		10				
	五、								
综合评述:								
负责人(签名)				测量人(签名)			记录人(签名)	

第七节 排水沟道外观质量评定表

小型农田水利工程排水沟道外观质量评定表

单位工程名称			主要工程量		
施工单位			评定日期		
项次	项　目	标准分	实得分	得分率(%)	备　注
1	外部尺寸				
2	轮廓线顺直				
3	表面平整度				
4	曲面、平面联接平顺				
5					
合　计		应得＿＿＿分,实得＿＿＿分,得分率＿＿＿%。			

外观质量评价意见:

经外观评定委员会测评打分,该单位工程外观质量评定得分率为＿＿＿%,外观质量评为
＿＿＿。

参加外观质量评定人员名单			
工作单位	姓名	职务、职称	签名

第八节　排水沟道外观质量检测表

小型农田水利工程排水沟道外观质量检测表

单位工程名称				主要工程量				
施工单位				检测日期				
序号			检测项目	允许偏差	标准分	检测结果			得分
						测点数	合格点数	合格率(%)	
排水沟道工程	一、外部尺寸	1	排水沟道轴线	±50 cm	4	10			
		2	沟底高程	0~30 cm	6	10/2000 m			
		3	沟底宽度	±30 cm	6	10/2000 m			
		4	马道宽度	±40 cm	4	10/2000 m			
		5	左沟坡坡度 m 值	0~0.05	5	20			
		6	右沟坡坡度 m 值	0~0.05	5	20			
	二、轮廓线顺直	沟底线	沟底左边线	±30 cm	2	20			
			沟底右边线	±30 cm	2	20			
		上口线	沟上口左边线	±30 cm	1	20			
			沟上口右边线	±30 cm	1	20			
		马道	肩线	±40 cm	2	10/2 组			
		弃土堆	左弃土堆边线	±60 cm	1	20			
			右弃土堆边线	±60 cm	1	20			
	三、表面平整度	观感分	符合设计要求,观感检测平整度好满分,不足酌情扣分		5				
		检测分	沟坡、马道、弃土堆面各检测20点	±10 cm	15	60			
	四、曲面、平面联接平顺	观感分	观感好满分,不足酌情扣分		10				
	五、								

综合评述:

负责人 (签名)		测量人 (签名)		记录人 (签名)	

第九节 堤防工程外观质量评定表

小型农田水利工程堤防工程外观质量评定表

单位工程名称			施工单位			
主要工程量			评定日期			
项次	项目	标准分	实得分	得分率(%)		备注
1	外部尺寸	30				
2	轮廓线顺直	10				
3	表面平整度	20				
4	曲面、平面联接平顺	10				
5						
合　计			应得＿＿＿分,实得＿＿＿分,得分率＿＿＿%。			
外观质量评价意见:						
参加外观质量评定人员名单						
工作单位		姓名	职务、职称		签名	

第十节 堤防单位工程外部尺寸质量检测评定表

小型农田水利工程堤防单位工程外部尺寸质量检测评定表

单位工程名称					施工单位			
主要工程量					检测日期			

序号			检测项目	允许偏差	标准分	检测结果			得分
						测点数	合格点数	合格率(%)	
堤身填筑工程	一、外部尺寸	1	堤轴线	0～15 cm	4	10			
		2	堤顶高程	0～15 cm	6	10/2000 m			
		3	堤顶宽度	−5～15 cm	6	10/2000 m			
		4	戗台高程	−5～15 cm	4	10/2000 m			
		5	戗台宽度	−10～15 cm	4	10/2000 m			
		6	堤坡坡度 m 值	0～0.05	6	迎背各10			
	二、轮廓线顺直	堤肩线	迎水坡肩线	−5～5 cm	2	10/2 组			
			背水坡肩线	−5～5 cm	2	10/2 组			
		戗台	肩线	−5～5 cm	2	10/2 组			
			边线	−5～5 cm	1	10/2 组			
		坡底脚线	近水坡	−10～10 cm	1.5	10/2 组			
			背水坡	−10～10 cm	1.5	10/2 组			
	三、表面平整度	观感分	符合设计要求,观感检测平整度好满分,不足酌情扣分		5				
		检测分	迎背水坡及堤面各检测10点	−5～+5 cm	15	30			
	四、曲面、平面联接平顺	观感分	观感好满分,不足酌情扣分		10				

负责人(签名)		测量人(签名)		记录人(签名)	

第十一节 房屋建筑安装工程观感质量评定表

小型农田水利工程房屋建筑安装工程观感质量评定表

单位工程名称			分部工程名称				施工单位	
结构类型			建筑面积				评定日期	

项次	项目		标准分（分）	评定得分（分）					备注
				一级 100%	二级 90%	三级 80%	四级 70%	五级 0	
1	建筑工程	室外墙面	10						
2		室外大角	2						
3		外墙面横竖线角	3						
4		散水、台阶、明沟	2						
5		滴水槽（线）	1						
6		变形缝、水落管	2						
7		屋面坡向	2						
8		屋面防水层	3						
9		屋面细部	3						
10		屋面保护层	1						
11		室内顶棚	4(5)						
12		室内墙面	10						
13		地面与楼面	10						
14		楼梯、踏步	2						
15		厕浴、阳台泛水	2						
16		抽气、垃圾道	2						
17		细木、护栏	2(4)						
18		门安装	4						
19		窗安装	4						
20		玻璃	2						
21		油漆	4(6)						
22	室内给排水	管道坡度、接口、支架、管件	3						
23		卫生器具、支架、阀门、配件	3						
24		检查口、扫除口、地漏	2						

项次	项目		标准分（分）	评定得分（分）					备注
				一级 100%	二级 90%	三级 80%	四级 70%	五级 0	
25	室内采暖	管道坡度、支架、接口、弯道	3						
26		散热器及支架	2						
27		伸缩器、膨胀水箱	2						
28	室内煤气	管道坡度、接口、支架	2						
29		煤气管与其他管距离	1						
30		煤气表、阀门	1						
31	室内电器安装	线路敷设	2						
32		配电箱(盘、扳)	2						
33		照明器具	2						
34		开关、插座	2						
35		防雷、动力	2						
36	通风	风管、支架	2						
37		风口、风阀、罩	2						
38		风机	1						
39	空调	风管、支架	2						
40		风口、风阀	2						
41		空气处理室、机组	1						
42	电梯	运行、平层、开关门	3						
43		层门、信号系统	1						
44		机房	1						

合计	应得____分,实得____分,得分率____%。

建设单位	监理单位	施工单位
年 月 日	年 月 日	年 月 日

第十二节　混凝土拌和质量评定表

小型农田水利工程混凝土拌和质量评定表

单位工程名称		单元工程量	
分部工程名称		施工单位	
单元工程名称、部位		评定日期	

项次	项　　目	项目质量等级
1	混凝土拌和物	
2	△混凝土试块	

评定意见	质量等级
两项质量均达到合格标准,混凝土试块质量达到_____标准。	

施工单位		建设(监理)单位	
	年　月　日		年　月　日

混凝土拌和质量评定表工序见表1、表2。

表1 小型农田水利工程混凝土拌和物质量评定表

单位工程名称		分部工程量	
分部工程名称		施工单位	
分部工程部位		检验日期	

项次	项目	质量标准		检验记录
		优良	合格	
1	△原材料称重偏差符合要求的频率	≥90%	≥70%	
2	砂子含水量小于6%的频率	≥90%	≥70%	
3	△拌和时间符合规定的频率	100%	100%	
4	混凝土坍落度符合要求的频率	≥80%	≥70%	
5	△混凝土水灰比符合设计要求的频率	≥90%	≥80%	
6	混凝土出机口温度符合设计要求的频率	≥80%（高1~2℃）	≥70%（高2~3℃）	

评定意见	质量等级
共检查____项____组,主要检查项目____项____组,全部符合____标准,一般检查项目符合____标准。	

施工单位		建设（监理）单位	
	年 月 日		年 月 日

表 2　小型农田水利工程混凝土试块质量评定表

单位工程名称				分部工程量	
分部工程名称				施工单位	
分部工程部位				检验日期	

项次	基本项目		质量标准		检验记录
			优良	合格	
1	任何一组试块抗压强度最低不得低于设计标号的		90%	85%	
2	△无筋(或少筋)混凝土强度保证率		85%	80%	
3	△配筋混凝土强度保证率		95%	90%	
4	混凝土强度抗拉、抗渗、抗冻指标		不低于设计标号	不低于设计标号	
5	混凝土强度离差系数	<200号	<0.18	<0.22	
		≥200号	<0.14	<0.18	

评定意见	质量等级
全部检查项目符合合格标准,其中主要检查项目符合____标准。	

施工单位		建设(监理)单位	
	年　月　日		年　月　日

第十三节 分部工程质量评定表

小型农田水利工程分部工程质量评定表

单位工程名称			施工单位		
分部工程名称			施工日期		
分部工程量			评定日期		

项次	单元工程类别	工程量	单元工程个数	合格个数	其中优良个数	备注
1						
2						
3						
4						
5						
6						
7						
8						
合　　计						
主要单元工程、重要隐蔽工程及关键部位的单元工程						

施工单位自评意见	建设(监理)单位复核意见
本分部工程的单元工程质量全部_____。优良率为____%,主要单元工程、重要隐蔽工程及关键部位单元工程____项,质量_____。施工中有(没有)发生过_____次质量事故。原材料质量_____,金属结构、启闭机质量_____,机电产品质量_____,中间产品质量_____。 分部工程质量等级: 项目经理: 　　　　施工单位: (公章) 　　　　　　　　年 月 日	复核意见: 分部工程质量等级: 负责人: 　　　建设(监理)单位: (公章) 　　　　　　　　年 月 日

第十四节 重要隐蔽单元工程(关键部位单元工程)质量等级签证表

小型农田水利工程重要隐蔽单元工程(关键部位单元工程)质量等级签证表

单位工程名称			单元工程量	
分部工程名称			施工单位	
单元工程名称、部位			自评日期	
施工单位自评意见	1. 自评意见: 2. 自评质量等级: 终检人员:			
监理单位抽检意见	抽检意见: 监理工程师:			
联合小组核定意见	1. 核定意见: 2. 质量等级: 年 月 日			
保留意见				
备查资料清单	1. 地质编录 □ 2. 测量结果 □ 3. 检测试验报告(芯心试验、软基承载力试验、结构强度等) □ 4. 影像资料 □ 5. 其他 □			
联合小组成员		单位名称	职务、职称	签名
	项目法人			
	监理单位			
	设计单位			
	施工单位			
	运行管理单位			

注:重要隐蔽单元工程验收时,设计单位应同时派地质工程师参加。备查资料清单中凡涉及到的项目应在"□"内打"√",如有其他资料应在括号内注明资料的名称。

第十五节 砂料质量评定表

小型农田水利工程砂料质量评定表

单位工程名称			产　　地	
分部工程名称			生产单位	
数　　量			检验日期	

项次	检查项目	质量标准	检验记录
1	天然砂中含泥量	小于3%，其中黏土含量小于1%	
2	△天然砂中泥团含量	不允许	
3	△人工砂中的石粉含量	6%～12%（指颗粒小于0.15 mm）	
4	坚固性	<10%	
5	△云母含量	<2%	
6	密度	>2.5 t/m³	
7	轻物质含量	<1%	
8	硫化物及硫酸盐含量，按重量折算成 SO_3	<1%	
9	△有机质含量	浅于标准色	

评定意见	质量等级
主要检查项目全部符合质量标准。其他检查项目＿＿＿％，检查点符合质量标准。	

施工单位		建设（监理）单位	
	年　月　日		年　月　日

第十六节 粗骨料质量评定表

小型农田水利工程粗骨料质量评定表

单位工程名称			产　　地	
分部工程名称			生产单位	
数　　量			检验日期	

项次	检查项目	质量标准	检验记录
1	超径	原孔筛检验<5%,超逊径筛检验0	
2	逊径	原孔筛检验<10%,超逊径筛检验<2%	
3	含泥量	D_{20}、D_{40}粒径级<1%,D_{80}、D_{150}（或D_{120}）粒径级<0.5%	
4	△泥团	不允许	
5	△软弱颗粒含量	<5%	
6	硫化物及硫酸盐含量,按重量折算成SO_3	0.5%	
7	△有机质含量	浅于标准色	
8	密度	>2.55 t/m³	
9	吸水率	D_{20}、D_{40}粒径级<2.5%,D_{80}、D_{150}粒径级<1.5%	
10	△针片状颗粒含量	<15%;有试验论证,可以放宽至25%	

评定意见	质量等级
主要检查项目全部符合质量标准。其他检查项目合格率_____%。	

施工单位		年　月　日	建设（监理）单位	年　月　日

第十七节 石料质量评定表

小型农田水利工程石料质量评定表

单位工程名称				单元工程量		
分部工程名称				施工单位		
单元工程名称、部位				评定日期		

项次	保证项目		质量标准		检验记录	
1	天然密度		≥2.4 t/m³			
2	饱和极限抗压强度		符合设计规定的限值			
3	最大吸水率		≤10%			
4	软化系数		一般岩石大于等于0.7或符合设计要求			
5	抗冻标号		达到设计标号			

项次	基本项目		质量标准		实测值	质量标准	
			合格	优良		合格	优良
1	形状	粗料石	棱角分明,六面基本平整,同一面高差小于10 mm。检测总数有70%符合要求	棱角分明,六面基本平整,同一面高差小于10 mm。检测总数有90%符合要求			
		块石	上、下两面平行,大致平整,无尖角薄边,检测总数有70%符合要求	上、下两面平行,大致平整,无尖角薄边,检测总数有90%符合要求			
		毛石	无一定形状,块重大于25 kg,检测总数有70%符合要求	无一定形状,块重大于25 kg,检测总数有90%符合要求			

项次	基本项目		质量标准		实测值	质量标准	
			合　格	优　良		合格	优良
2	尺寸	粗料石	块长大于 50 cm,块重大于 25 kg,块长/块高小于 3,检测总数有 70% 符合要求	块长大于 50 cm,块重大于 25 kg,块长/块高小于 3,检测总数有 90% 符合要求			
		块石	块厚大于 20 cm,检测总数有 70% 符合要求	块厚大于 20 cm,检测总数有 90% 符合要求			
		毛石	中厚大于 15 cm,检测总数有 70% 符合要求	中厚大于 20 cm,检测总数有 90% 符合要求			
3	石料质地		坚硬新鲜,无剥落层或裂纹,基本符合上述要求	坚硬新鲜,无剥落层或裂纹,必须符合上述要求			

评定意见	质量等级
保证项目全部符合质量标准;基本项目全部符合,其中形状符合_____标准,尺寸符合_____标准。	

施工单位		建设(监理)单位	
	年　月　日		年　月　日

第十八节　施工放样报验单

小型农田水利工程施工放样报验单

(承包[　]放样　号)

合同名称:　　　　　　　　　　　　　　　　　　合同编号:

致:			
根据合同要求,我们已完成＿＿＿＿＿＿＿的施工放样工作,请贵方核验。			
附件:			

序号或位置	工程或部位名称	放样内容	备　注

自检结果:

　　　　　　　　　　　　　　　　　　承包人:

　　　　　　　　　　　　　　　　　　技术负责人:

　　　　　　　　　　　　　　　　　　项目经理:

　　　　　　　　　　　　　　　　　　日期:　年　月　日

审核意见:

　　　　　　　　　　　　　　　　　　监理机构:

　　　　　　　　　　　　　　　　　　监理工程师:

　　　　　　　　　　　　　　　　　　日期:年　月　　日

注:本表一式＿＿＿＿份,由承包人填写,监理机构审签后,承包人＿＿＿＿份,监理机构、发包人各＿＿＿＿份。

第十九节 施工质量终检合格（开工、仓）证

小型农田水利工程施工质量终检合格（开工、仓）证

项目名称：　　　　　　　　　　　　　　　合同编号：

单位工程名称或编码		分部工程名称或编码	
验收工序		申请开工工序	

序号	检查、检测项目	评定等级	备注
1			
2			
3			
4			
5			
6			
7			
8			
9			
10			

初检意见	初检人： 日期：　年　月　日	复检意见	复检人： 日期：　年　月　日
终检意见	终检人： 终检部门： 日期：　年　月　日	下序开工(仓)签证意见	□同意 □申报联合检验 □不同意	监理部： 签证人： 日期：　年　月　日

注：一式三份报监理部，签证后返回报送单位三份，作相应单元工程支付签证和质量评定资料备查。

第二十节 排水沟单元工程质量评定表

小型农田水利工程排水沟单元工程质量评定表

单位工程名称			单元工程量			
分部工程名称			施工单位			
单元工程名称			检验日期			

项次	保证项目	质量标准	检验记录			
1	排水沟道	排水沟内无残土、土隔,沟底及两边坡平整				
2	马道	马道平整无土隔,边线顺直				
3	弃土堆	堆放整齐平整				

项次	检测项目	允许偏差	设计值	实测值	合格数	合格率(%)
1	沟底高程	不高于设计沟底高程				
2	沟底宽	设计底宽的±10%,且<20 cm				
3	边坡	设计值的±5%		3		
4	马道	设计宽度的±10%,且<50 cm				
5	弃土堆	外边线±40 cm,内边线±20 cm				

检测结果	共检测____点,其中合格____点,合格率____%。					

评定意见				评定等级		
保证项目全部达到质量标准,允许偏差项目共检测____点,合格点数____点,合格率____%。						

施工单位			建设(监理)单位			
	年 月 日				年 月 日	

注:(1)检测数量:总检查点不少于1/100 m个;

(2)单元工程质量标准:合格为允许偏差不小于70%,优良为允许偏差不小于90%。

第二十一节　渠道单元工程质量评定表

小型农田水利工程渠道单元工程质量评定表

单位工程名称				单元工程量		
分部工程名称				施 工 单 位		
单元工程名称				检 验 日 期		

项次	保证项目	质量标准		检验记录		
1	灌水渠道	渠内无残土、土隔				
2	马道	马道平整无土隔，边线顺直				
3	渠堤	压实度符合设计要求				

项次	允许偏差项目	允许偏差	设计值	实测值	合格数	合格率
1	渠底高程	不高于设计水深的10%，且<30 cm				
2	渠底宽	设计底宽的±10%				
3	边坡	设计值的±5%				
4	马道	设计宽度的±10%，且<50 cm				
5	堤顶	不低于设计高程				
		不小于设计宽度				

检测结果	共检测____点,其中合格____点,合格率____%。					

评定意见					评定等级	
保证项目全部符合质量标准,允许偏差项目总检测点数____点,合格点数____点,合格率____%。						

施工单位			建设(监理)单位		
		年　月　日			年　月　日

注:(1)检测数量:总检查点不少于1 / 100 m个;

　　(2)单元工程质量标准:合格为允许偏差不小于70%,优良为允许偏差不小于90%。

第二十二节 堤基清理单元工程质量评定表

小型农田水利工程堤基清理单元工程质量评定表

单位工程名称				单元工程量			
分部工程名称				检验日期			
单元工程名称、部位				评定日期			
项次		项目名称	质量标准	检验结果			评定
检查项目	1	基面清理	堤基表层没有不合格土,杂物全部清除				
	2	一般堤基处理	堤基上的坑塘、洞穴已按设计要求处理				
	3	堤基平整压实	表面无显著凹凸、无松土、无弹簧土				
检测项目	1	堤基清理范围	堤基清理边界超过设计基面边线0.3 m	总测点数	合格点数	合格率（%）	
	2	堤基表面压实	设计干密度不小于____t/m³	总测点数	合格点数	合格率（%）	
施工单位自评意见			质量等级	监理单位复核意见			评定等级
检查项目全部符合质量标准,检测项目总检测点数____点,合格点数____点,合格率____%。							
施工单位名称				监理单位名称			
检测员		初检负责人	终检负责人				
年 月 日		年 月 日	年 月 日	核定人			年 月 日

注:(1)检测项目:①堤基清理范围应根据工程级别、沿堤线长度每20~50 m测量一次,每个单元工程不少于10次;②压实质量按清基面积每400~800 m²取样一次测试干密度。

(2)合格:检测项目达到质量标准,清理范围检测合格率不小于70%,压实质量合格率不小于80%;

优良:检测项目达到质量标准,清理范围检测合格率不小于90%,压实质量合格率不小于90%。

第二十三节 土料碾压筑堤单元工程质量评定表

小型农田水利工程土料碾压筑堤单元工程质量评定表

单位工程名称				单元工程量			
分部工程名称				检验日期			
单元工程名称、部位				评定日期			
项　次		项目名称	质量标准	检验结果			评定
检查项目	1	△上堤土料土质、含水率	无不合格土,含水率适中				
	2	土块颗粒	根据压实机具,土块限制在____cm以内				
	3	作业段划分、搭接	机械作业不少于100 m,人工作业不少于50 m,搭接无界沟				
	4	碾压作业程序	碾压机械行走平行于堤轴线,碾迹及搭接碾压符合要求				
检测项目	1	铺料厚度	允许偏差:0～-5 cm (设计铺料厚度____cm)	总测点数	合格点数	合格率(%)	
	2	铺料边界	允许偏差:人工+10～+20 cm 机械+10～+30 cm	总测点数	合格点数	合格率(%)	
	3	△压实指标	设计干密度不小于____t/m³	总测点数	合格点数	合格率(%)	

施工单位自评意见	质量等级	监理单位复核意见	评定等级
检查项目全部符合质量标准,检测项目总检测点数____点,合格点数____点,合格率____%。			

施工单位名称			监理单位名称	
检测员	初检负责人	终检负责人		
年 月 日	年 月 日	年 月 日	核定人	年 月 日

注:(1)检测项目:①铺料厚度每100～200 m²测1次;②铺填边线沿堤轴线长度每20～50 m测1次;
　　③压实指标为主要检测项目,每层填筑100～150 m取样一个测干密度,每层不少于5次。对加
　　固的狭长作业面,可按每20～30 m长取样一个测干密度。

(2)合格:检查项目达到质量标准,铺料厚度和铺填边线偏差合格率不小于70%;

　　优良:检查项目达到质量标准,铺料厚度和铺填边线偏差合格率不小于90%。

第二十四节 软基和岸坡开挖单元工程质量评定表

小型农田水利工程软基和岸坡开挖单元工程质量评定表

单位工程名称		单元工程量	
分部工程名称		施工单位	
单元工程名称、部位		检验日期	

项次	检查项目	质量标准	检验记录
1	地基清理和处理	无树根、草皮、乱石、坟墓,水井眼已处理,地质符合设计	
2	△取样检验	符合设计要求	
3	岸坡清理和处理	无树根、草皮、乱石。有害裂隙及洞穴已处理	
4	岩石岸坡清理坡度	符合设计要求	
5	△黏土、湿陷性黄土清理坡度	符合设计要求	
6	截水槽地基处理	泉眼、渗水已处理,岩石冲洗洁净,无积水	
7	△截水槽(墙)基岩面坡度	符合设计要求	

项次	检测项目			设计值	允许偏差 （cm）	实测值 （m）	合格数 （点）	合格率 （%）
1	无结构要求，无配筋预埋件	坑（槽）长或宽	5 m 以内		+20～-10			
2			5～10 m		+30～-20			
3			10～15 m		+40～-30			
4			15 m 以上		+50～-30			
5		坑（槽）底部标高			+20～-10			
6		垂直或斜面平整度			20			
1	有结构要求，有配筋预埋件	基坑（槽）长或宽	5 m 以内		+20～0			
2			5～10 m		+30～0			
3			10～15 m		+40～0			
4			15 m 以上		+40～0			
5		坑（槽）底部标高			+20～0			
6		垂直或斜面平整度			15			

检测结果	共检测＿＿＿点，其中合格＿＿＿点，合格率＿＿＿%。

评定意见	单元工程质量等级
主要检查项目全部符合质量标准。一般检查项目＿＿＿＿＿＿质量表准。检测项目实测合格率＿＿＿＿＿＿%。	
施工 单位 年　月　日	建设（监理） 单位 年　月　日

注：(1)"＋"为超挖，"－"为欠挖；

(2)检测数量：总检测点在 200 m² 以内不少于 20 个,200 m² 以上不少于 30 个；

(3)单元工程质量标准：合格为允许偏差不小于 70%,优良为允许偏差不小于 90%。

第二十五节　混凝土单元工程质量评定表

小型农田水利工程混凝土单元工程质量评定表

单位工程名称		单元工程量	
分部工程名称		施工单位	
单元工程名称、部位		评定日期	

项次	工序名称	工序质量等级
1	基础面或混凝土施工缝处理	
2	模板	
3	△钢筋	
4	止水、伸缩缝和排水管安装	
5	△混凝土浇筑	

评定意见	单元工程质量等级
工序质量全部合格,主要工序——钢筋、混凝土浇筑两工序质量____,工序质量优良率为____%。	

施工单位		建设(监理)单位	
	年　月　日		年　月　日

注:单元工程质量标准:合格指工序质量全部合格;优良指工序质量全部合格,优良率达50%以上,且主要工序全部优良。

混凝土单元工程质量评定工序见表1～表5。

表1 小型农田水利工程基础面或混凝土施工缝处理工序质量评定表

单位工程名称		单元工程量	
分部工程名称		施工单位	
单元工程名称、部位		评定日期	

项次	检查项目	质量标准	检验记录
1	基础岩面		
(1)	△建基面	无松动岩块	
(2)	△地表水和地下水	妥善引排或封堵	
(3)	岩面清洗	清洗洁净,无积水,无积渣杂物	
2	混凝土施工缝		
(1)	△表面处理	无乳皮、成毛面	
(2)	混凝土表面清洗	清洗洁净,无积水,无积渣杂物	
3	软基面		
(1)	△建基面	预留保护层已挖除,地质符合设计要求	
(2)	垫层铺填	符合设计要求	
(3)	基础面清理	无乱石、杂物,坑洞分层回填夯实	
评定意见			工序质量等级
主要检查项目全部符合质量标准,一般检查项目____质量标准。			

施工单位		建设(监理)单位	
	年 月 日		年 月 日

表 2　小型农田水利工程混凝土模板工序质量评定表

单位工程名称						单元工程量			
分部工程名称						施工单位			
单元工程名称、部位						检验日期			

项次	检查项目	质量标准				检验记录			
1	△稳定性、刚度和强度	符合设计要求							
2	模板表面	光洁,无污物,接缝严密							

项次	检测项目	设计值	允许偏差(mm)			实测值 (单位:1～3 项 mm;4～7 项 m)		合格数 (点)	合格率 (%)
			外露表面		隐蔽内面				
			钢模	木模					
1	模板平整度:相邻两板面高差		2	3	5				
2	局部不平(用 2m 直尺检查)		2	5	10				
3	板面缝隙		1	2	2				
4	结构物边线与设计边线		10		15				
5	结构物水平断面内部尺寸		±20						
6	承重模板标高		±5						
7	预留孔、洞尺寸及位置		±10						

检测结果	共检测 ＿＿＿点,其中合格 ＿＿＿点,合格率 ＿＿＿ %。			
评定意见			工序质量等级	
主要检查项目全部符合质量标准。一般检查项目＿＿＿符合质量标准。检测项目实测点合格率＿＿＿＿%。				
施工单位	年　月　日	建设(监理)单位		年　月　日

注:(1)检测数量:模板面积在 100 m² 以内不少于 20 个,100 m² 以上不少于 30 个;

　　(2)单元工程质量标准:合格为检测总点数中有 70% 及其以上符合质量标准,优良为检测总点数中有 90% 及其以上符合质量标准。

表3 小型农田水利工程混凝土钢筋工序质量评定表

单位工程名称				单元工程量		
分部工程名称				施工单位		
单元工程名称、部位				检验日期		

项次	检查项目		质量标准	检验记录		
1	△钢筋的数量、规格尺寸、安装位置		符合设计图纸			
2	焊缝表面和焊接中		不允许有裂缝			
3	△脱焊点和漏焊点		无			

项次	检测项目			设计值	允许偏差（mm）	实测值（mm）	合格数（点）	合格率（%）
1	帮条对焊接头中心的纵向偏差				$0.5d$			
2	接头处钢筋轴线的曲折				$4°$			
3	点焊及电弧焊	△焊缝	长度（$d=20$）		$-0.5d$（-10）			
			高度		$-0.05d$（-1）			
			宽度		$-0.1d$（-2）			
			咬边深度		$0.05d$ 不大于1			
		表面气孔夹渣	在$2d$长度上		不多于2个			
			气孔、夹渣直径		不大于3			
4	△绑扎	缺扣、松扣			≤20%，且不集中			
		弯钩朝向正确			符合设计图纸			
		搭接长度			$-0.05d$ 设计值			

项次	检测项目			设计值	允许偏差（mm）	实测值（mm）	合格数（点）	合格率（%）
5	对焊及熔槽焊	△焊接接头根部未焊透深度	$\Phi25\sim40$ mm 钢筋		$0.15d$			
			$\Phi40\sim70$ mm 钢筋		$0.10d$			
		接头处钢筋中心线的位移			$0.1d$ 不大于2			
		焊缝表面(长为$2d$)和焊缝截面上蜂窝、气孔、非金属杂质			不大于 $1.5d$,3 个			
6	钢筋长度方向的偏差(净保护层 50 mm)				$\pm1/2$ 净保护层厚			
7	同一排受力钢筋间距的局部偏差	柱及梁			$\pm0.5d$			
		板、墙			±0.1 间距			
8	同一排中分布钢筋间距的偏差				±0.1 间距			
9	双排钢筋,其排与排间距的局部偏差				±0.1 排距			
10	梁与柱中钢箍间距的偏差				0.1 箍筋间距			
11	保护层厚度的局部偏差				$\pm1/4$ 净保护层厚			
检测结果	共检测_____点,其中合格_____点,合格率_____%。							

评定意见	工序质量等级
主要检查项目全部符合质量标准。一般检查项目_____质量标准。检测项目实测点合格率_____%。	

施工单位		建设(监理)单位	
	年 月 日		年 月 日

注:(1)检测数量:先进行宏观检查,没有发现有明显不合格处,即可进行抽样检查,对梁、板、柱等小型构件,总检测点数不少于30个,其余总检测点数一般不少于50个;

(2)单元工程质量标准:合格为检测总点数中有70%及其以上符合质量标准,优良为检测总点数中有90%及其以上符合质量标准。

表 4 小型农田水利工程混凝土止水、伸缩缝和排水管安装质量评定表

单位工程名称				单元工程量			
分部工程名称				施工单位			
单元工程名称、部位				检验日期			

项次	检查项目		质量标准		检验记录		
1	伸缩缝制作及安装	涂敷沥青料	混凝土表面洁净,涂刷均匀平整,与混凝土黏接紧密,无气泡及隆起现象				
2		粘贴沥青、油毛毡	伸缩缝表面清洁干燥,蜂窝、麻面已处理并填平,外露施工铁件割除,铺设厚度均匀平整,搭接紧密				
3		铺设预制油毛毡	混凝土表面清洁,蜂窝、麻面已处理并填平,外露施工铁件割除,铺设厚度均匀平整、牢固,相邻块安装紧密平整无缝				
4		△沥青井、柱安装	电热元件及绝缘材料置放准确牢固,不短路,沥青填塞密实,安装位置准确、稳固,上、下层衔接好				

项次	检测项目			设计值	允许偏差（mm）	实测值（mm）	合格数（点）	合格率（%）
1	金属、塑料、橡胶止水	金属止水片的几何尺寸	宽		±5			
2			高（牛鼻子）		±2			
			长		±20			
3		△金属止水片的搭接长度			不小于20双面氧焊			
4		安装偏差	大体积混凝土		±30			
			细部结构		20	15,10,8,12	4	100
5		△插入基岩部分			符合设计要求			

项次	检测项目			设计值	允许偏差（mm）	实测值（mm）	合格数（点）	合格率（%）
6	坝体排水管安装	拔管排水管	平面位置		≤100			
7			倾斜度		≤4%			
8		多孔性排水管	平面位置		≤100			
9			倾斜度		≤4%			
10		△排水管通畅性			通畅			

检测结果	共检测____点,其中合格____点,合格率____%。

评定意见	工序质量等级
主要检查项目全部符合质量标准。一般检查项目_____质量标准。检测项目实测点合格率_____%。	

施工单位　　　　　　　　　　　　　　年　月　日	建设(监理)单位　　　　　　　　　　　年　月　日

注:(1)检测数量:一单元工程中若同时有止水、伸缩缝和坝体排水管 3 项,则每一单项检查(测)点不少于 8 个,总检查(测)点数不少于 30 个;如只有其中 1 项或 2 项,总检查(测)点数不少于 20 个。

(2)单元工程质量标准:合格为检测总点数中有 70% 及其以上符合质量标准,优良为检测总点数中有 90% 及其以上符合质量标准。

表5 小型农田水利工程混凝土浇筑工序质量评定表

单位工程名称				单元工程量	
分部工程名称				施工单位	
单元工程名称、部位				检验日期	

项次	检查项目	质量标准		检验记录
		优良	合格	
1	砂浆铺筑	厚度不大于 3 mm,均匀平整,无漏铺	厚度不大于 3 mm,局部稍差	
2	△入仓混凝土料	无不合格料入仓	少量不合格料入仓,经处理尚能基本满足设计要求	
3	△平仓分层	厚度不大于 50 mm,铺设均匀,分层清楚,无骨料集中现象	局部稍差	
4	△混凝土振捣	垂直插入下层 5 cm,有秩序,无漏振	无架空和漏振	
5	△铺料间歇时间	符合要求,无初凝现象	上游迎水面 15 m 以内无初凝现象,其他部位初凝累计面积不超过 1%,并经处理合格	
6	积水和泌水	无外部水流入,泌水排除及时	无外部水流入,有少量泌水,排除不够及时	
7	插筋、管路等埋设件保护	保护好,符合要求	有少量位移,但不影响使用	
8	混凝土养护	混凝土表面保持湿润,无时干时湿现象	混凝土表面保持湿润,但局部短时间有时干时湿现象	
9	△有表面平整要求的位置	符合设计规定	局部稍超出规定,但累计面积不超过 0.5%	

项次	检查项目	质量标准		检验记录
		优良	合格	
10	麻面	无	少量麻面,但累计面积不超过0.5%	
11	蜂窝、狗洞	无	轻微、少量、不连续,单个面积不超过0.1 m²,深度不超过骨料最大粒径,已按要求处理	
12	△露筋	无	无主筋外露,箍、副筋个别微露,已按要求处理	
13	碰损掉角	无	重要部位不允许,其他部位轻微少量,已按要求处理	
14	表面裂缝	无	有短小、不垮层的表面裂缝,已按要求处理	
15	△深层及贯穿裂缝	无	无	

评定意见	工序质量等级
主要检查项目全部符合＿＿质量标准。一般检查项目＿＿质量标准。	

施工单位		建设(监理)单位	
	年 月 日		年 月 日

第二十六节　反滤工程单元工程质量评定表

小型农田水利工程反滤工程单元工程质量评定表

单位工程名称		单元工程量	
分部工程名称		施工单位	
单元工程名称、部位		评定日期	

项次	保证项目	质量标准	检验记录
1	基面(层面)处理	符合设计要求和《施工规范》的规定	
2	反滤料的粒径、级配、坚硬度、抗冻性、渗透系数	符合设计要求	
3	结构层数、层间系数、铺筑位置和厚度	符合设计要求	
4	压实参数	严格控制,无漏压和欠压	
5	施工顺序、接缝处的各层联接;含水量	符合《施工规范》规定	
6	工程的保护措施	符合《施工规范》规定(《碾压式土石坝施工规范》(SDJ 213—83))。	

项次	基本项目	质量标准		检验记录	质量标准	
		合格	优良		合格	优良
1	干密度(干容重)	合格率大于等于90%,不合格样不得集中,不合格干密度不得低于设计值的0.98	合格率大于等于95%,不合格样不得集中,不合格干密度不得低于设计值的0.98			
2	反滤料含泥量	含泥量不大于5%	含泥量不大于3%			

项次	允许偏差项目	设计值(cm)	允许偏差(cm)	实测值(cm)	合格数(点)	优良率(%)
1	每层厚度		不大于设计厚度的15%			

评定意见	单元工程质量等级
保证项目全部符合质量标准;基本项目符合____标准,其中干密度质量____;允许偏差项目实测点合格率为____%。	

施工单位	年 月 日	建设(监理)单位	年 月 日

注:(1)检测数量:基本项目干密度检测按每500~1000 m³检测1次,每个取样断面每层所取的样品不得少于4次;粒径检测每200~400 m³取样一组。允许偏差项目每100~200 m²检测一组或每10延米取一组试样。

(2)单元工程质量标准:合格为允许偏差不小于70%,优良为允许偏差不小于90%。

第二十七节 垫层工程单元工程质量评定表

小型农田水利工程垫层工程单元工程质量评定表

单位工程名称		单元工程量	
分部工程名称		施工单位	
单元工程名称、部位		评定日期	

项次	保证项目	质量标准	检验记录
1	填筑	前一填筑层已验收合格	
2	石料级配、粒径、垫层的铺设厚度、铺筑方法	符合设计要求和《施工规范》的规定。严禁采用风化石料	
3	碾压参数	严格控制,无漏压和欠压;坡面碾压时,上下一次为碾压一遍,上坡时振动,下坡时不振动	
4	护坡垫层工程	必须在坡面整修后按反滤层铺筑规定施工;接缝重叠宽度必须符合《施工规范》	
5	防护处理;原材料、配合比和施工方法	按设计进行;符合设计要求和《施工规范》的质量要求	

项次	基本项目	质量标准		检验记录	质量标准	
		合格	优良		合格	优良
1	碾压后干密度	合格率大于等于80%	合格率大于等于90%			
2	碾压后的垫层质量	表面平整,基本无颗粒分离	表面平整,无颗粒分离			
项次	允许偏差项目	设计值(cm)	允许偏差(cm)	实测值(cm)	合格数(点)	优良率(%)
1	碾压砂浆层面偏离设计线		+5 −8			
2	喷射混凝土面偏离设计线		±5			
3	铺筑厚度		±3			
4	垫层与过渡分界线距坝轴线		0 −10			
5	垫层外坡线距坝轴线(碾压线)		±5			

评定意见	单元工程质量等级
保证项目全部符合质量标准;基本项目符合____标准;允许偏差项目各项实测点合格率为____% ~ ____%。	

施工单位		建设(监理)单位	
	年 月 日		年 月 日

注:(1)检测数量:本项目项次1碾压后的干密度水平1次/(500~1 500 m³);斜坡1次/(1 500~3 000 m³),允许偏差项目项次1、2沿坡面按20 m×20 m网格布置测点;3项每10 m×10 m不少于4点;项次4、5测点不少于10点。

(2)单元工程质量标准:合格为允许偏差不小于70%,优良为允许偏差不小于90%。

第二十八节 水泥砂浆质量评定表

小型农田水利工程水泥砂浆质量评定表

单位工程名称				单元工程量		
分部工程名称				施工单位		
单元工程名称、部位				检验日期		

项次	保证项目	质量标准			检验记录	
1	水泥、砂料、水及掺和料、外加剂	品种、质量必须符合国家有关标准				
2	标号和相应的配合比、拌和时间	符合设计及规范要求				

项次	基本项目	质量标准		检验记录	质量标准	
		合格	优良		合格	优良
1	水泥砂浆强度离差系数	$C_v \leq 0.22$	$C_v \leq 0.18$			
2	砂浆沉入度	检测总数中有大于等于70%测次符合规定要求	检测总数中有大于等于80%测次符合规定要求			

项次	允许偏差项目		设计值（kg）	允许偏差(%)	实测值	合格数（点）	优良率(%)
1	砂浆配合比称重	水泥		±2			
2		砂		±3			
3		掺和料		±2			
4		水、外加剂溶液		±1			

评定意见	质量等级
保证项目全部符合质量标准；基本项目全部符合合格标准，其中基本项目1达到____标准；允许偏差项目各项实测测次合格率为____%。	

施工单位		年 月 日	建设（监理）单位		年 月 日

第二十九节 水泥砂浆砌石体单元工程质量评定表

小型农田水利工程水泥砂浆砌石体单元工程质量评定表

单位工程名称		单元工程量	
分部工程名称		施工单位	
单元工程名称、部位		评定日期	

项次	工序名称	工序质量等级
1	浆砌石层面处理	
2	△砌筑	
	评定意见	单元工程质量等级
	两个工序质量达到合格标准,其中砌筑工序质量____。	

施工单位		年 月 日	建设（监理）单位		年 月 日

水泥砂浆砌石体单元工程质量评定工序见表1、表2。

表1 小型农田水利工程水泥砂浆砌石体浆砌石体面层处理工序质量评定表

单位工程名称				单元工程量		
分部工程名称				施工单位		
单元工程名称、部位				检验日期		
项次	保证项目	质量标准		检验记录		
1	前一层砌体表面	符合设计与《施工规范》要求,无松动石块				

项次	基本项目	质量标准		检验记录	质量等级	
		合格	优良		合格	优良
1	前一层砌体表面	浮渣基本清除干净,无积水和积渣	浮渣全部清除干净,无积水和积渣			
2	局部光滑的砂浆表面	凿毛面大于等于80%	凿毛面大于等于95%			

评定意见	工序质量等级
保证项目全部符合设计规定质量标准,基本项目全部符合合格标准,其中_____项优良。	
施工单位　　　　　　　　　　　　　年 月 日	建设(监理)单位　　　　　　　　　年 月 日

表2 小型农田水利工程水泥砂浆砌石体砌筑工序质量评定表

单位工程名称			单元工程量		
分部工程名称			施工单位		
单元工程名称、部位			检验日期		

项次	保证项目		质量标准	检验记录	
1	水泥砂浆的标号、配合比		符合设计要求和规定		
2	石料规格		符合规范要求:砌筑时石块表面清洁湿润		
3	铺浆		均匀,无裸露石块		
4	砌缝灌浆		饱满密实,无架空		
5	砌石体的密度、空隙率、吸水率		符合设计规定		

项次	基本项目		质量标准		检验记录	质量等级	
			合格	优良		合格	优良
1	砂浆沉入度		总检测次数中大于等于70%符合质量要求	总检测次数中大于等于90%符合质量要求			
2	砌缝宽度	平缝	粗料石:15～20 mm				
			预制块:10～15 mm				
			块石:20～25 mm	总检测次数中大于等于70%符合质量要求	总检测次数中大于等于90%符合质量要求		
		竖缝	粗料石:20～30 mm				
			预制块:15～20 mm				
			块石:20～40 mm				

项次	允许偏差项目			设计值（m）	允许偏差（cm）	实测值（cm）	合格数（点）	合格率（%）
1	轮廓线		平　面		±4			
2		高程	重力坝		±3			
3			拱坝、支墩坝		±2			

评定意见	工序质量等级
保证项目符合质量标准;基本项目全部符合合格标准,其中_____项达到优良标准;允许偏差项目实测点合格率为_____%。	

施工单位		建设（监理）单位	
	年　月　日		年　月　日

第三十节　干砌石护坡单元工程质量评定表

小型农田水利工程干砌石护坡单元工程质量评定表

单位工程名称				单元工程量	
分部工程名称				检验日期	
单元工程名称、部位				评定日期	
项次	项目名称	质量标准	检测结果		评定
检查项目	1	面石用料	质地坚硬无风化,单块重大于等于25 kg,最小边长大于等于20 cm		
	2	腹石砌筑	排紧填平,无淤泥杂质		
	3	面石砌筑	禁止使用小块石,不得有通缝、浮石、空洞		
	4	缝宽	无宽度在1.5 cm以上、长度在0.5 m以上的连续缝		
检测项目	1	砌石厚度	允许偏差为设计厚度的±10%	总测点数　合格点数　合格率(%)	
	2	坡面平整度	2 m靠尺检测凸凹不超过5 cm	总测点数　合格点数　合格率(%)	

施工单位自评意见	质量等级	监理单位复核意见	评定等级
检查项目达到质量标准,检测项目合格率____%。			

施工单位名称			监理单位名称	
检测员	初检负责人	终检负责人		
			核定人	
年　月　日	年　月　日	年　月　日		年　月　日

注:(1)检测数量:厚度及平整度沿堤轴线长每10~20 m不少于1点。

(2)单元工程质量标准:合格为检测项目合格率不小于70%,优良为检测项目合格率不小于90%。

第三十一节　浆砌石护坡单元工程质量评定表

小型农田水利工程浆砌石护坡单元工程质量评定表

单位工程名称				单元工程量		
分部工程名称				检验日期		
单元工程名称、部位				评定日期		
项次	项目名称		质量标准	检测结果		评定
检查项目	1	石料、水泥、砂	符合 SL 260—98《堤防工程施工规范》要求			
	2	砂浆配合比	符合设计要求			
	3	浆砌	空隙用小石填塞,不得用砂浆充填,坐浆饱满,无空隙			
	4	勾缝	无裂缝、脱皮现象			
检测项目	1	砌石厚度	允许偏差为设计厚度的 ±10%	总测点数　合格点数	合格率（%）	
	2	坡面平整度	2 m 靠尺检测凸凹不超过 5 cm	总测点数　合格点数	合格率（%）	

施工单位自评意见	质量等级	监理单位复核意见	评定等级
检查项目达到质量标准,检测项目合格率____%。			

施工单位名称			监理单位名称	
检测员	初检负责人	终检负责人		
			核定人	
年　月　日	年　月　日	年　月　日	年　月　日	

注:(1)检测数量:厚度及平整度沿堤轴线长每 10~20 m 不少于 1 点。

　　(2)单元工程质量标准:合格为检测项目合格率不小于 70%,优良为检测项目合格率不小于 90%。

第三十二节 混凝土预制块护坡单元工程质量评定表

小型农田水利工程混凝土预制块护坡单元工程质量评定表

<table>
<tr><td colspan="3">单位工程名称</td><td colspan="2">单元工程量</td><td></td></tr>
<tr><td colspan="3">分 部 工 程 名 称</td><td colspan="2">检验日期</td><td></td></tr>
<tr><td colspan="3">单元工程名称、部位</td><td colspan="2">评定日期</td><td></td></tr>
<tr><td colspan="2">项次</td><td>项目名称</td><td>质量标准</td><td>检测结果</td><td>评定</td></tr>
<tr><td rowspan="2">检查项目</td><td>1</td><td>预制块外观</td><td>尺寸准确,整齐统一,表面清洁平整</td><td></td><td></td></tr>
<tr><td>2</td><td>预制块铺砌</td><td>平整、稳定、缝线规则</td><td></td><td></td></tr>
<tr><td rowspan="2">检测项目</td><td rowspan="2">1</td><td rowspan="2">坡面平整度</td><td rowspan="2">2 m靠尺检测凸凹不超过1 cm</td><td>总测点数 合格点数</td><td>合格率（%）</td></tr>
<tr><td></td><td></td></tr>
<tr><td colspan="2">施工单位自评意见</td><td>质量等级</td><td colspan="2">监理单位复核意见</td><td>评定等级</td></tr>
<tr><td colspan="2">检查项目达到质量标准,检测项目合格率____%。</td><td></td><td colspan="2"></td><td></td></tr>
<tr><td colspan="2">施工单位名称</td><td></td><td colspan="2" rowspan="2">监理单位名称</td><td></td></tr>
<tr><td>检测员</td><td>初检负责人</td><td>终检负责人</td><td></td></tr>
<tr><td>年 月 日</td><td>年 月 日</td><td>年 月 日</td><td colspan="2">核定人</td><td>年 月 日</td></tr>
</table>

注:(1)检测数量:坡面平整度沿堤线或每10~20 m不少于1点。

(2)单元工程质量标准:合格为坡面平整度合格率不小于70%,优良为坡面平整度合格率不小于90%。

第三十三节　混凝土预制构件制作质量评定表

小型农田水利工程混凝土预制构件制作质量评定表

单位工程名称					单元工程量			
分部工程名称					施工单位			
单元工程名称部位					检验日期			

项次	检查项目		设计值	允许偏差（mm）	实测值	合格数（点）	合格率（%）
1	模板安装	相邻两板面高差		2			
2		局部不平（用2m直尺检查）		3			
3		板面缝隙		1			
4		预留孔、洞位置		10			
5		梁、桁架拱度		+5～−2			
1	钢筋焊接与安装	帮条对焊接接头中心的纵向偏移		0.5d			
2		两根钢筋的轴向曲折		4°			
3		焊缝	高度（φ28）		−0.05d			
			长度（φ28）		−0.5d			
			宽度（φ28）		−0.1d			
			咬边深度		−0.05d 且<1			
			表面气孔夹渣：在2d长度上气孔夹渣直径		不多于2个且<3个			
4		同一排受力钢筋间距的局部偏差：柱及梁板及墙		±0.5d ±0.1间距			
5		同一排受力钢筋间距的偏差		±0.1间距			
6		双排钢筋的排间距局部偏差		±0.1排距			
7		箍筋间距偏差		±0.1箍筋距			
8		保护层厚度		±1/4净保护层厚			
9		钢筋起重点位移		20			
10		钢筋骨架：高度		±5			
		长度		±10			

项次	检查项目	设计值	允许偏差（mm）	实测值	合格数（点）	合格率（%）
1 外形尺寸	埋入建筑物内部的、预制廊道、井筒、小构件等		±10（长、宽）			
	埋入建筑物内部的电梯井、垂线井、风道、预制模板		±5（长、宽）			
	板、梁、柱等装配式构件		±3（长、宽）			
2 中心线偏差	埋入建筑物内部的、预制廊道、井筒、小构件等		±10			
	埋入建筑物内部的电梯井、垂线井、风道、预制模板		±5			
	板、梁、柱等装配式构件		±3			
3 顶、底部平整度	埋入建筑物内部的、预制廊道、井筒、小构件等		±10			
	埋入建筑物内部的电梯井、垂线井、风道、预制模板		±5			
	板、梁、柱等装配式构件		±5			
4	预埋件纵横中心线位移		±3			
5	起吊环、钩中心线位移		±10			

检测结果	共检测＿＿＿点,其中合格＿＿＿点,合格率＿＿＿%。

评定意见	质量等级
模板合格率＿＿＿%,钢筋焊接与安装合格率＿＿＿%,构件尺寸合格率＿＿＿%。	
施工单位 年 月 日	建设（监理）单位 年 月 日

注:(1)检测数量:按月或按季进行抽样检查分析,按构件各种类型的件数,各抽查10%,但月检查不少于3件,季检查不少于5件。

(2)单元工程质量标准:每一类型构件抽样的模板,钢筋和构件尺寸的检查点数,分别有70%及其以上符合质量标准的,即评为合格;凡模板、钢筋、构件尺寸检查,分别有90%及其以上符合质量标准的,即评为优良。

第三十四节 混凝土预制构件安装单元工程质量评定表

小型农田水利工程混凝土预制构件安装单元工程质量评定表

单位工程名称					单元工程量	
分部工程名称					施工单位	
单元工程名称、部位					检验日期	

项次	检查项目			质量标准	检验记录	
1	△构件型号和安装位置			符合设计要求		
2	△构件吊装时的混凝土强度			符合设计要求		
3	△构件预制质量			符合设计要求		

项次	检测项目			允许偏差（mm）	实测值	合格数（点）	合格率（%）
1	杯形基础	中心线和轴线的位移		±10			
2		杯形基础底高程		+0～-10			
3	柱	中心线和轴线的位移		±5			
4		垂直度	柱高 10 m 以下	10			
5			柱高 10 m 及其以上	20			
6		牛腿上表面和柱顶高程		±8			
7	吊车梁	中心线和轴线的位移		±5			
8		梁顶面标高		+10～-5			

续表

项次	检测项目			允许偏差（mm）	实测值	合格数（点）	合格率（%）
9	屋架		下弦中心线和轴线的位移	±5			
10		垂直度	桁架、拱形屋架	1/250屋架高			
11			薄腹梁	5			
12	预制廊道、井筒板（埋入建筑物）		中心线和轴线的位移	±20			
13			相邻两构件的表面平整	10			
14	建筑物外表面模板		相邻两板面高差	3（局部5）			
15			外边线与结构物边线	±10			

检测结果	共检测____点，其中合格____点，合格率____%。

评定意见	单元工程质量等级
主要检查项目全部符合质量标准，检测项目实测点合格率____%。	

施工单位		建设（监理）单位	
	年 月 日		年 月 日

注：(1)检测数量：按要求逐项检查，总检测点数不少于20个。

　(2)单元工程质量标准：合格为检测项目合格率不小于70%，优良为检测项目合格率不小于90%。

第三十五节 造孔灌注桩基础单元工程质量评定表

小型农田水利工程造孔灌注桩基础单元工程质量评定表

单位工程名称				单元工程量									
分部工程名称				施工单位									
单元工程名称、部位				检验日期	年 月 日								

项次	检查项目		质量标准	各孔检测结果									
				1	2	3	4	5	6	7	8	9	10
1	钻孔	孔位偏差	单桩、条形桩基沿垂直轴线方向和群桩基础边桩的偏差<1/6桩径,其他部位桩的偏差<1/4桩径										
2		孔径偏差	+10 cm ~ -5 cm										
3		△孔斜率	<1%										
4		△孔深	不得小于设计孔深										
5	灌浆	△孔底淤积厚度	端承桩≤10 cm,摩擦桩≤30 cm										
6		孔内浆液密度	循环1.15~1.25 g/cm², 原孔造浆1.1 g/cm²左右										
7	混凝土浇筑	导管埋深	埋深大于1 m且小于等于6 m										
8		钢筋笼安放	符合设计要求										
9		△混凝土上升速度	≥2 m/h或符合设计要求										
10		混凝土坍落度	18~22 cm										
11		混凝土扩散度	34~38 cm										
12		浇筑最终高度	符合设计要求										
13		△施工记录、图表	齐全、准确、清晰										
各振冲孔质量评定													

检测结果	本单元工程内共有____孔,其中优良____孔,优良率为____%。
混凝土质量指标和桩的载荷测试	说明情况和测试成果:

评定意见	单元工程质量等级
单元工程内,各灌注桩达全部合格标准,其中优良桩有____%,混凝土抗压强度保证率为____%。	

施工单位		建设(监理)单位	
	年 月 日		年 月 日

注:单元工程质量标准:在混凝土抗压强度保证率达80%及其以上,以及各灌注桩全部达到合格标准前提下,若优良桩达70%及其以上时,即评为优良;若优良桩不足70%时,即评为合格。

第三十六节　闸门安装工程质量评定表

小型农田水利工程闸门安装工程质量评定表

单位工程名称			闸门尺寸	
分部工程名称			施工单位	
单元工程名称			检验日期	

项次	检查项目	质量标准	检验记录
1	闸门设备	尺寸符合设计要求,产品出厂合格证及技术文件齐全	
2	闸门防腐	设备表面光滑,颜色一致,无皱皮、脱皮、气泡等缺陷	
3	闸门安装	闸门及埋件安装后,应与埋件焊牢,防止浇筑混凝土时发生位移。闸门安装符合技术说明及安装要求	
4	混凝土浇筑	二期混凝土强度不低于C25,无不合格料入仓,无骨料集中现象,无漏振现象,铺料间歇时无初凝现象,混凝土养护表面保持湿润,无蜂窝、麻面	

项次	检测项目	允许偏差(mm)	设计值(mm)	实测值(mm)	合格点数	合格率(%)
1	底槛高程	±5				
2	闸底槛中心线	±5				
3	门楣中心至底槛垂直距离	±2				
4	门楣中心线	±5				
5	闸门垂直度	门高的1/1 000且≤8				

检测结果	共检测____点,其中合格____点,合格率____%。

评定意见		评定等级
检查项目全部合格,检测项目合格率____%。		

施工单位	年　月　日	建设(监理)单位	年　月　日

注:(1)检测数量:先宏观检查,没发现有明显不合格处,即进行抽样检查,总测点数不少于10个;

(2)单元工程质量标准:合格为允许偏差不小于70%,优良为允许偏差不小于90%。

第三十七节　螺杆式启闭机安装工程质量评定表

小型农田水利工程螺杆式启闭机安装工程质量评定表

单位工程名称				工　程　量	
分部工程名称				施　工　单　位	
单元工程名称				检　验　日　期	

项次	检查项目	质量标准			检验记录
1	启闭设备	启闭机规格、型号符合设计要求,产品出厂合格证及技术文件齐全			
2	运转情况	手摇部分转动灵活、平稳,无阻卡现象。电动部分运转平稳,无冲击声和其他异常声音			
3					

项次	检测项目	允许偏差（mm）	设计值（mm）	实测值（mm）	合格点数	合格率(%)
1	铅垂度	0.2 mm/m	/			
2	水平值	0.5 mm/m	/			
3	高程	±5				
4	纵、横中心线	±2				
5	底座与基础板接触情况	间隙<0.5				

检测结果	共检测____点,其中合格____点,合格率____%。		
	评定意见		评定等级
	检查项目全部合格,检测项目合格率____%。		

施工单位	年　月　日	建设（监理）单位	年　月　日

注:单元工程质量标准:合格为主要项目全部符合质量标准,一般项目的实测点数有90%及其以上达到质量标准。其余基本符合标准,试运转符合要求;优良为在合格的基础上,优良项目占全部项目50%及其以上,且主要项目全部优良。

第三十八节 拦污栅安装工程质量评定表

小型农田水利工程拦污栅安装工程质量评定表

单位工程名称			工程量	
分部工程名称			施工单位	
单元工程名称			检验日期	

项次	检查项目	质量标准	检验记录
1	栅体制作	规格、尺寸、材质、结构符合设计要求,外观质量良好	
2	栅体防腐	设备表面光滑,颜色一致,无皱皮、脱皮、气泡等缺陷	
3	栅体连接	牢固可靠	
4	底槛高程	偏差在 5 mm 内	

检测结果	共检测____点,其中合格____点,合格率____%。

评定意见	评定等级
检查项目_____符合质量标准。	

施工单位		建设(监理)单位	
	年　月　日		年　月　日

第三十九节 水泵安装单元工程质量评定表

小型农田水利工程水泵安装单元工程质量评定表

单位工程名称			工程量	
分部工程名称			施工单位	
单元工程名称			检验日期	

项次	检查项目	质量标准	检验记录
1	水泵及管路设备	规格、型号符合设计要求,产品出厂合格证及技术文件齐全	
2	预埋件	位置正确,固定牢固,部件齐全完整	
3	构件连接	连接牢固、严密,不漏水	
4	运转情况	运转中无异常振动、无异常响声	
5	△水泵压力和流量	符合设计规定 ($Q=120\ \mathrm{m^3/h}, P=0.2\ \mathrm{MPa}$)	

项次	检测项目	允许偏差(mm)		实测值	结论
		合格	优良		
1	设备平面位置	±10	±5	横向: 纵向:	
2	高程	+20 −10	+10 −5		
3	泵座水平度	0.1 mm/m	0.08 mm/m		
4	电动机电流	不超过定额值 ($I=110\ \mathrm{A}$)			

评定意见		评定等级
检查项目全部合格,检测项目全部合格,其中优良率＿＿％。		

施工单位		建设(监理)单位	
	年　月　日		年　月　日

注:(1)检测数量:先进行宏观检查,没发现有明显不合格处,即进行抽样检查;

　　(2)单元工程质量标准:合格为允许偏差不小于70%,优良为允许偏差不小于90%。

第四十节　涵闸单元工程质量评定表

小型农田水利工程涵闸单元工程质量评定表

单位工程名称				单元工程量			
分部工程名称				施 工 单 位			
单元工程名称				开、竣工日期			

项次	检查项目	质量标准			检验记录		
1	地基清理	无树根、草皮、乱石、坟墓,地质符合设计					
2	涵管	涵管制安符合设计要求,接缝严密					
3	混凝土浇筑	无骨料集中现象,无漏振现象,铺料间歇时无初凝现象,混凝土养护表面保持湿润,无蜂窝、麻面					
4	闸门安装	闸门槽安装稳固,垂直度良好;闸门、起闭机安装符合技术说明及安装要求					
5	土方回填	挡土墙及洞身两侧回填夯实,洞身上填土压实后不小于设计值					

项次	检测项目	允许偏差	设计值	实测值		合格点数	合格率(%)
1	挡土墙砂砾石垫层	≥设计值					
2	洞身砂砾石垫层	≥设计值					
3	进出口挡土墙基础	≥设计值					
4	进出口挡土墙	≥设计值					
5	挡土墙平整度	±2 cm					

施工单位自评意见	质量等级	监理单位复核意见	评定等级
检查项目达到质量标准,检测项目合格率____%。			
施工单位名称		监理单位名称	
质检员 年　月　日		监理工程师 年　月　日	

注:(1)检测数量:宏观检查无明显不合格,即进行抽样检查,总检查点不少于30个;

(2)单元工程质量标准:合格为允许偏差不小于70%,优良为允许偏差不小于90%。

第四十一节 混凝土挡土墙圆涵单元工程质量评定表

小型农田水利工程混凝土挡土墙圆涵单元工程质量评定表

单位工程名称		单元工程量	
分部工程名称		施 工 单 位	
单元工程名称		开、竣工日期	

项次	检查项目	质量标准	检验记录
1	地基清理	无树根、草皮、乱石、坟墓,地质符合设计	
2	涵 管	涵管制安符合设计要求,接缝严密	
3	混凝土浇筑	无骨料集中现象,无漏振现象,铺料间歇时无初凝现象,混凝土养护表面保持湿润,无蜂窝、麻面	
4	土方回填	挡土墙及洞身两侧回填夯实,洞身上填土压实后不小于设计值	

项次	检测项目	允许偏差	设计值	实测值	合格点数	合格率(%)
1	挡土墙砂砾石垫层	≥设计值				
2	洞身砂砾石垫层	≥设计值				
3	进出口挡土墙基础	≥设计值				
4	进出口挡土墙	≥设计值				
5	挡土墙平整度	±2 cm				

施工单位自评意见	质量等级	监理单位复核意见	评定等级
检查项目达到质量标准,检测项目合格率____%。			
施工单位名称		监理单位名称	
质检员 年 月 日		监理工程师 年 月 日	

注:(1)检测数量:宏观检查无明显不合格,即进行抽样检查,总检查点不少于30个;
　　(2)单元工程质量标准:合格为允许偏差不小于70%,优良为允许偏差不小于90%。

第四十二节　浆砌石挡土墙圆涵单元工程质量评定表

小型农田水利工程浆砌石挡土墙圆涵单元工程质量评定表

单位工程名称				单元工程量		
分部工程名称				施工单位		
单元工程名称				开、竣工日期		
项次	检查项目	质量标准			检验记录	
1	地基清理	无树根、草皮、乱石、坟墓,地质符合设计				
2	块石质量	上下面大致平整,无尖角、薄边,厚度不小于设计值,块石强度符合规范要求				
3	涵　管	涵管制安符合设计要求,接缝严密				
4	浆砌石砌筑	铺浆均匀、饱满密实、无架空、无露石,同一层砌体内外搭接错缝砌筑,砌体平缝、竖缝、砂浆坍落度符合施工规范				
5	路缘石	混凝土强度、浇筑及养护符合设计和规范要求,无蜂窝、麻面				
6	土方回填	挡土墙及洞身两侧回填夯实,洞身上填土压实后不小于设计值				

项次	检测项目	允许偏差	设计值	实测值	合格数	合格率(%)
1	挡土墙砂砾石垫层	≥设计值				
2	洞身砂砾石垫层	≥设计值				
3	进出口挡土墙高度	≥设计值				
4	进出口挡土墙	≥设计值	墙厚			
			内侧高			
			外侧高			
5	挡土墙平整度	±3 cm				

施工单位自评意见	质量等级	监理单位复核意见	评定等级
检查项目全部合格,检测项目合格率____%。			
施工单位名称		监理单位名称	
质检员　　　　　　　　年　月　日		监理工程师　　　　　　　年　月　日	

注:(1)检测数量:宏观检查无明显不合格,即进行抽样检查,总检查点不少于30个;

　　(2)单元工程质量标准:合格为允许偏差不小于70%,优良为允许偏差不小于90%。

第四十三节 浆砌石盖板涵单元工程质量评定表

小型农田水利工程浆砌石盖板涵单元工程质量评定表

单位工程名称							单元工程量		
分部工程名称							施 工 单 位		
单元工程名称							开、竣工日期		
项次	检查项目		质量标准				检验记录		
1	地基清理		无树根、草皮、乱石、坟墓,地质符合设计						
2	块石质量		上下面大致平整,无尖角、薄边,厚度不小于设计值,块石强度符合规范要求						
3	混凝土盖板		无蜂窝、麻面,无漏筋及破损现象						
4	浆砌石砌筑		铺浆均匀、饱满密实、无架空、无露石,同一层砌体内外搭接错缝砌筑,砌体平缝、竖缝、砂浆坍落度符合施工规范						
5	路缘石		混凝土强度、浇筑及养护符合设计和规范要求,无蜂窝、麻面						
6	土方回填		挡土墙及洞身两侧回填夯实,洞身上填土压实后不小于设计值						

项次	检测项目	允许偏差	设计值	实测值			合格数	合格率（%）
1	挡土墙砂砾石垫层	≥设计值						
2	洞身砂砾石垫层	≥设计值						
3	进出口挡土墙基础	≥设计值						
4	进出口挡土墙	≥设计值	长					
			宽					
			高					
5	墩墙基础	≥设计值						
7	洞身基础厚度	≥设计值						
8	挡土墙平整度	±3 cm						

施工单位自评意见		质量等级	监理单位复核意见	评定等级
检查项目全部合格,检测项目合格率____%。				
施工单位名称			监理单位名称	
质检员		年 月 日	监理工程师	年 月 日

注:(1)检测数量:宏观检查无明显不合格,即进行抽样检查,总检查点不少于30个;

　　(2)单元工程质量标准:合格为允许偏差不小于70%,优良为允许偏差不小于90%。

第四十四节 装配式圆涵单元工程质量评定表

小型农田水利工程装配式圆涵单元工程质量评定表

单位工程名称		单元工程量	
分部工程名称		施工单位	
单元工程名称		开、竣工日期	

项次	检查项目	质量标准	检验记录
1	地基清理	无树根、草皮、乱石、坟墓,地质符合设计	
2	涵管及挡土墙预制件	涵管制安符合设计要求,接缝严密	
3	土方回填	挡土墙及洞身两侧回填夯实,洞身上填土压实后不小于设计值	

项次	检测项目	允许偏差	设计值	实测值	合格数	合格率(%)
1	挡土墙砂砾石垫层厚度	≥设计值				
2	洞身砂砾石垫层厚度	≥设计值				
3	挡土墙垂直度	±1 cm				

施工单位自评意见	质量等级	监理单位复核意见	评定等级
检查项目全部合格,检测项目合格率____%。			
施工单位名称		监理单位名称	
质检员	年 月 日	监理工程师	年 月 日

注:(1)检测数量:宏观检查无明显不合格,即进行抽样检查,总检查点不少于20个;

(2)单元工程质量标准:合格为允许偏差不小于70%,优良为允许偏差不小于90%。

第四十五节 梯田工程单元工程质量评定表

小型农田水利工程梯田工程单元工程质量评定表

单位工程名称				分部工程名称			
单元工程名称				检验日期			
总治理面积				评定日期			

	序号	质量要求			检查结果		
检查项目	1	集中连片,总体布局符合设计					
	2	暴雨中田坎(田埂)被冲毁处已修复					
	3	田边有宽1 m左右反坡					

	序号	项目	设计值	偏差值	实测值	合格数
检测项目	1	田面宽度		±0.5 m		
	2	田面长度		±0.5 m		
	3	田坎高度		≥设计值		
	4	田坎坡度				
	5	田坎宽度		±5 cm		
	6	田面横水平		≤1%		
	7	田面纵水平		≤1%		
	8	田坎坚固	干密度	≥设计值		

施工单位自评意见	质量等级	监理单位复合意见	核定质量等级
检查项目全部合格,检测项目合格率___%。			
施工单位名称		监理单位名称	
质检员	年 月 日	监理工程师	年 月 日

注:(1)检测数量:总检查点不少于30个;

(2)单元工程质量标准:合格为允许偏差不小于70%,优良为允许偏差不小于90%。

第四十六节 沟头防护工程单元工程质量评定表

小型农田水利工程沟头防护工程单元工程质量评定表

单位工程名称				单元工程名称		
分部工程名称				检验日期		
总治理长度				评定日期		

检查项目	序号	质量要求			检查结果	
检查项目	1	修建位置恰当,规格尺寸符合设计要求; 集中连片,总体布局符合设计要求				
检查项目	2	工程完好、稳固,沟头不再前进				
检查项目	3	防护工程能有效防止径流下沟				
检查项目	4	各构件与沟头地面结合部位牢固,排水出口消能设备完善				
检查项目	5	暴雨中被冲毁部位已修复				

检测项目	序号	项目	设计值	偏差值	实测值	合格率(%)
检测项目	1	土埂顶宽		±5 cm		
检测项目	2	土埂内外坡		20‰		
检测项目	3	土埂与沟头间距		1 m		

施工单位自评意见	质量等级	监理单位复合意见	核定质量等级
检查项目全部合格,检测项目合格率____%。			
施工单位名称		监理单位名称	
质检员	年 月 日	监理工程师	年 月 日

注:(1)检测数量:总检查点不少于10个;

(2)单元工程质量标准:合格为允许偏差不小于70%,优良为允许偏差不小于90%。

第四十七节　小块水地单元工程质量评定表

小型农田水利工程小块水地单元工程质量评定表

单位工程名称				单元工程量		
分部工程名称				检验日期		
单元工程名称				评定日期		

	项次	项目名称	质量标准	检验结果		评定
检查项目	1	田块布设	符合设计要求			
	2	灌溉水源	有确定的水源和水量			
	3	灌溉设施	渠系配套,井灌、提灌及蓄水坝库(池、塘)等设施完好			
	4	田边蓄水埂	密实无塌陷			
检测项目	1	田面平整度	田面平整,入水端比末端略高,高差小于1%	总测点数　合格点数　合格率		
	2	渠道比降	符合设计要求	总测点数　合格点数　合格率		
	3	渠道宽、深	允许偏差为设计尺寸的±5%	总测点数　合格点数　合格率		

施工单位自评意见	质量等级	监理单位核定意见	核定质量等级
检查项目质量全部符合质量标准,检测项目合格率___%。			
施工单位名称		监理单位名称	
质检员 年　月　日		监理工程师 年　月　日	

注:(1)检测数量:总检查点不少于30个;

　　(2)单元工程质量标准:合格为允许偏差不小于70%,优良为允许偏差不小于90%。

第四十八节 人工种草单元工程质量评定表

小型农田水利工程人工种草单元工程质量评定表

单位工程名称				单元工程量		
分部工程名称				检验日期		
单元工程名称(图班号)				评定日期		
检查项目	项次	项目名称	质量标准	检验结果		
	1	种子	质量等级三级以上			
	2	整地	精耕细作,整地规格符合设计要求			
	3	播种	播种草种与播种密度符合设计要求;播种深度适宜,播后应镇压			
检测项目	项次	项目名称	成苗数不小于30株/m²	总测点数	合格点数	合格率(%)
	1	成苗数				
施工单位自评意见		质量等级		监理单位意见		核定质量等级
检查项目质量全部符合质量标准,检测项目合格率___%。						
施工单位名称				监理单位名称		
质检员			年 月 日	监理工程师		年 月 日

注:(1)检测数量:总检查点不少于10个;

(2)单元工程质量标准:合格为允许偏差不小于70%,优良为允许偏差不小于90%。

第四十九节 育苗单元工程质量评定表

小型农田水利工程育苗单元工程质量评定表

单位工程名称				单元工程量		
分部工程名称				检验日期		
单元工程名称(图班号)				评定日期		
检查项目	项次	项目名称	质量标准	检验结果		
检查项目	1	种子	质量等级三级以上			
检查项目	2	苗床	苗床应深耕细作、灌溉方便、排水良好,规格符合设计要求			
检查项目	3	播种	播种密度符合设计播幅和行距			
检测项目	项次	项目名称	产苗量应达到设计要求,符合二级以上质量标准的苗木不小于80%	总测点数	合格点数	合格率(%)
检测项目	1	产苗数				
施工单位自评意见	质量等级			监理单位意见		核定质量等级
检查项目质量全部符合质量标准,检测项目合格率____%。						
施工单位名称				监理单位名称		
质检员			年 月 日	监理工程师		年 月 日

注:(1)检测数量:总检查点不少于30个;

(2)单元工程质量标准:合格为允许偏差不小于70%,优良为允许偏差不小于90%。

第五十节　坝坡修整单元工程质量评定表

小型农田水利工程坝坡修整单元工程质量评定表

	单位工程名称			单元工程量			
	分部工程名称			检验日期			
	单元工程名称、部位			评定日期			
检查项目	项次	项目名称	质量标准	检验结果			
	1	削坡	符合设计要求				
	2	排水设施	位置、结构尺寸应符合设计要求				
	3	生物护坡	选择易生根、能蔓延、耐旱的草灌类种植				
检测项目	项次	项目名称	质量标准	设计值	总测点数	合格点数	合格率(%)
	1	削坡坡比	允许偏差为设计值的±5%				
	2	排水渠宽、深	允许偏差为设计值的±5%				
施工单位自评意见		质量等级		监理单位核定意见		核定质量等级	
检查项目质量全部符合质量标准,检测项目合格率____%。							
施工单位名称				监理单位名称			
质检员 　　　　　　　年　月　日				监理工程师 　　　　　　　年　月　日			

注:(1)检测数量:总检查点不少于30个;

　　(2)单元工程质量标准:合格为允许偏差不小于70%,优良为允许偏差不小于90%。

第五十一节　谷坊单元工程质量评定表

小型农田水利工程谷坊单元工程质量评定表

单位工程名称				单元工程量	
分部工程名称				检验日期	
单元工程名称、种类				评定日期	
检查项目	项次	项目名称	质量标准	检验结果	
	1	工程布设	上下谷坊布设基本符合"顶底相照"的原则		
	2	清基与结合槽	浮土、杂物极强风化层全部清除,结合槽开挖达到设计要求		
	3	外观质量	土谷坊表面平整、外观密实,边坡稳定,与岸坡结合紧密		
			石谷坊砌石要平,砌筑要稳,石料靠紧,砂浆灌满		
			柳谷坊插杆稳固,品字排开,柳梢编排顺密,排间土石填压		
检测项目	项次	项目名称	质量标准	总测层数	合格层数	合格率(%)
	1	土谷坊压实指标	符合设计要求,允许偏差-0.1~0 t/m³			
	2	谷坊外型尺寸	高、顶允许偏差为设计尺寸的±5%	总测层数 合格层数 合格率(%)		
施工单位自评意见		质量等级		监理单位核定意见	核定质量等级
检查项目质量全部符合质量标准,检测项目合格率____%。					
施工单位名称				监理单位名称	
质检员		年　月　日		监理工程师	年　月　日

注:(1)检测数量:总检查点不少于30个;

　　(2)单元工程质量标准:合格为允许偏差不小于70%,优良为允许偏差不小于90%。

第五十二节 造林单元工程质量评定表

小型农田水利工程造林单元工程质量评定表

单位工程名称			单元工程量		
分部工程名称			施工阶段		
治理面积			评定日期		

<table>
<tr><td rowspan="6">检查项目</td><td>序号</td><td colspan="3">质量标准</td><td colspan="2">检验结果评定</td></tr>
<tr><td>1</td><td colspan="3">林种、林型、树种是合立地条件,符合设计要求</td><td colspan="2"></td></tr>
<tr><td>2</td><td colspan="3">树苗的高度、根茎符合设计苗龄要求</td><td colspan="2"></td></tr>
<tr><td>3</td><td colspan="3">树根完好,枝梢新鲜</td><td colspan="2"></td></tr>
<tr><td>4</td><td colspan="3">整地工程措施符合设计,土埂密实,带状整地保证条带水平</td><td colspan="2"></td></tr>
<tr><td>5</td><td colspan="3">苗木栽正踩实,浇水灌足灌饱</td><td colspan="2"></td></tr>
<tr><td rowspan="7">检测项目</td><td>序号</td><td>项目</td><td>设计值</td><td>偏差值</td><td>总测点数</td><td>合格点数</td><td>合格率(%)</td></tr>
<tr><td>1</td><td>鱼鳞坑直径</td><td></td><td>-10 cm</td><td></td><td></td><td></td></tr>
<tr><td>2</td><td>鱼鳞坑深度</td><td></td><td>±10 cm</td><td></td><td></td><td></td></tr>
<tr><td>3</td><td>鱼鳞坑行距</td><td></td><td>±2 cm</td><td></td><td></td><td></td></tr>
<tr><td>4</td><td>鱼鳞坑株距</td><td></td><td>±2 cm</td><td></td><td></td><td></td></tr>
<tr><td>5</td><td>成活率</td><td></td><td>-5%</td><td></td><td></td><td></td></tr>
<tr><td>6</td><td>保存率</td><td></td><td>-5%</td><td></td><td></td><td></td></tr>
</table>

施工单位自评意见	质量等级	监理单位核定意见	核定质量等级
检查项目质量全部符合质量标准,检测项目合格率____%。			
施工单位名称		监理单位名称	
质检员	年 月 日	监理工程师	年 月 日

注:(1)检测数量:总检查点不少于30个;

(2)单元工程质量标准:合格为允许偏差不小于70%,优良为允许偏差不小于90%。

第五十三节 果园单元质量评定表

小型农田水利工程果园单元质量评定表

单位工程名称				单元工程量			
分部工程名称				检验日期			
单元工程名称				评定日期			

	项次	项目名称	质量标准	检验结果			
检查项目	1	苗木	质量等级二级以上				
	2	整地	整地形式及规格符合设计要求,土埂密实;带状整地应保证条带水平				
	3	栽植	树种及密度符合设计要求,苗木应栽正踩实				
	4	排灌设施	无破损、跑水、漏水现象,排灌设施的布设、规格符合设计要求				
	5	道路	道路布设、规格符合设计要求,路面平整坚实				
	6	防护林	防护林布设、规格符合设计要求				
检测项目	项次	项目名称	苗木栽植成活率不小于95%		总测点数	合格点数	合格率（%）
	1	成活率					

施工单位自评意见	质量等级	监理单位核定意见	核定质量等级
检查项目质量全部符合质量标准,检测项目合格率____%。			
施工单位名称		监理单位名称	
质检员	年 月 日	监理工程师	年 月 日

注:(1)检测数量:总检查点不少于20个;

(2)单元工程质量标准:合格为允许偏差不小于70%,优良为允许偏差不小于90%。

第五十四节 现浇混凝土单元工程质量评定表

小型农田水利工程现浇混凝土单元工程质量评定表

<table>
<tr><td colspan="4">单位工程名称</td><td colspan="2">单元工程量</td><td></td></tr>
<tr><td colspan="4">分部工程名称</td><td colspan="2">检验日期</td><td></td></tr>
<tr><td colspan="4">单元工程名称</td><td colspan="2">评定日期</td><td></td></tr>
<tr><td rowspan="5">检查项目</td><td>项次</td><td>项目名称</td><td colspan="3">质量质量标准</td><td colspan="2">检查结果</td></tr>
<tr><td>1</td><td>模板及支架</td><td colspan="3">有足够的稳定性、刚度和强度;模板表面光洁平整,接缝严密、不漏浆</td><td colspan="2"></td></tr>
<tr><td>2</td><td>钢筋</td><td colspan="3">钢筋的规格尺寸、安装位置符合设计要求</td><td colspan="2"></td></tr>
<tr><td>3</td><td>混凝土</td><td colspan="3">配合比及施工质量必须满足设计要求</td><td colspan="2"></td></tr>
<tr><td>4</td><td>混凝土表面</td><td colspan="3">无蜂窝、麻面、漏筋、掉角及裂缝</td><td colspan="2"></td></tr>
<tr><td rowspan="4">检测项目</td><td>项次</td><td>项目名称</td><td>质量标准</td><td>设计值</td><td>实测值</td><td>合格数</td><td>合格率(%)</td></tr>
<tr><td>1</td><td>钢筋间距</td><td>同一排受力筋、分布筋间距及双排钢筋排与排间距偏差为±0.1间距</td><td></td><td></td><td></td><td></td></tr>
<tr><td>2</td><td>表面平整度</td><td>用2m直尺检查,凹凸差为±1cm</td><td></td><td></td><td></td><td></td></tr>
<tr><td>3</td><td>结构尺寸</td><td>允许偏差为设计尺寸±3%</td><td></td><td></td><td></td><td></td></tr>
<tr><td colspan="3">施工单位自评意见</td><td colspan="2">质量等级</td><td>监理单位核定意见</td><td>核定质量等级</td></tr>
<tr><td colspan="3">检查项目质量全部符合质量标准,检测项目合格率____%。</td><td colspan="2"></td><td></td><td></td></tr>
<tr><td colspan="3">施工单位名称</td><td colspan="2"></td><td>监理单位名称</td><td></td></tr>
<tr><td colspan="3">质检员</td><td colspan="2">年 月 日</td><td>监理工程师</td><td>年 月 日</td></tr>
</table>

注:(1)检测数量:总检查点不少于20个;

(2)单元工程质量标准:合格为允许偏差不小于70%,优良为允许偏差不小于90%。

第五十五节　输电线路安装单元工程质量评定表

小型农田水利工程输电线路安装单元工程质量评定表

单位工程名称		单元工程量	
分部工程名称		检验日期	
单元工程名称		评定日期	

项次	检查项目	质量标准	检验结果	结论
1	一般项目	线路所用导线、金属、瓷件等器材的规格、型号应符合设计要求,并具有产品合格证。外观检查符合 GB 50173—92《电气装置安装工程 35 kV 及以下架空电力线路施工及验收规范》的有关规定。电杆基坑的施工及埋设深度应符合设计图纸和 GB 50173—92 的有关规定		
2	△电杆组立	符合 GB 50173—92 第 4 章的规定		
3	△拉线安装	符合 GB 50173—92 第 5 章的规定		
4	导线架设	符合 GB 50173—92 第 6 章的规定		
5	电杆上电器设备的安装	符合 GB 50173—92 第 7 章的规定		
6	绝缘电阻测量	绝缘子的绝缘电阻符合 GB 50150—90《电气装置安装工程电气设备交接试验标准》的规定(单个≥300 MΩ)		
7	检查相位	各项两端的相位应一致		

续表

项次	检查项目	质量标准	检验结果	结论
8	△冲击合闸试验	在定额电压下,对空载线路冲击合闸3次应无异常		
9	测量杆塔的接地电阻	接地电阻值应符合设计规定（<-3 Ω）		

施工单位自评意见	质量等级	监理单位复核意见	核定质量等级
主要检测项目全部____,一般检查项目符合质量标准。交接验收过程中各项验收项目符合规范要求,其技术参数达到设计规定			
施工单位名称		监理单位名称	
质检员		监理工程师	
	年　月　日		年　月　日

注:(1)合格标准:主要项目达到质量评定标准,一般检查项目基本符合质量标准要求。在交接验收过程中发现的缺陷,经处理以消除,达到质量标准要求。或仍有个别小缺陷,但不影响线路正常运行。

(2)优良标准:主要项目达到质量评定标准和一般检查项目基本符合质量标准要求。交接验收运行过程中,各验收项目应符合验收规范要求,各技术参数达到或优于设计规定。

第五十六节　土地平整单元工程质量评定表

小型农田水利工程土地平整单元工程质量评定表

单位工程名称													单元工程量		
分部工程名称													检验日期		
单元工程名称部位													评定日期		

	项次	项目名称	质量标准											检验结果		
检查项目	1	耕作层土质	符合设计及规范要求													
	2	基底处理	基底上的坑、塘洞穴已按要求处理,填方压实													
	3	田埂培土	尺寸符合设计要求,远观顺直													
	4	连片程度通达性布局合理性	相邻地块相通,便于机械作业													

	项次	项目名称	质量标准	检测点偏差										合格点数	合格率（％）
				1	2	3	4	5	6	7	8	9	10		
检测项目	1	基层平整度	允许偏差旱田 1/500，水田 ± 3 cm												
	2	耕作层厚度	大于 20 cm												
	3	长度、宽度（田块）	允许偏差 ± 50 cm												
	4	表层土剥离 20 cm	允许偏差 ± 2 cm												
	5	表层土恢复 20 cm	允许偏差 ± 2 cm												

施工单位自评意见	质量等级	监理单位复核意见	核定质量等级
检查项目全部合格,检测项目合格率____％。			
施工单位名称		监理单位名称	
质检员·　　　　　　　　　年　月　日		监理工程师　　　　　　　年　月　日	

注:(1)检测数量:总检查点不少于 20 个;

　　(2)单元工程质量标准:合格为允许偏差不小于 70％,优良为允许偏差不小于 90％。

第五十七节　铁涵闸工程质量评定表

小型农田水利工程铁涵闸工程质量评定表

单位工程名称		单元工程量	
分部工程名称		检验日期	
单元工程名称		评定日期	

项次	检查项目	质量标准	检验记录
1	地基清理	无树根、草皮、乱石、坟墓,地质符合设计	
2	前挡墙	表面光滑、平整,无破损现象,闸门能够自由启闭,挡水良好	
3	后挡墙	表面光滑、平整,无破损现象	
4	钢管	钢管为螺旋焊接,焊口深度为钢板厚度的2/3,表面光滑、平整,无破损及塌坑现象	
5	防腐措施	防腐漆喷涂均匀,无漏喷	
6	土方回填	挡土墙及洞身两侧回填夯实,洞身上填土压实后不小于60 cm	

项次	检测项目	允许偏差	设计值	实测值	合格数	合格率(%)
1	前后挡墙宽度	≥设计值				
2	前后挡墙高度	≥设计值				
3	前后挡墙钢板厚度	≥设计值				
4	钢管管壁厚度	≥设计值				
5	钢管直径	≥设计值				

施工单位自评意见	质量等级	监理单位复核意见	核定质量等级
检查项目全部合格,检测项目合格率___%。			
施工单位名称		监理单位名称	
质检员	年　月　日	监理工程师	年　月　日

注:(1)检测数量:总检查点不少于5个;

(2)单元工程质量标准:合格为允许偏差不小于70%,优良为允许偏差不小于90%。

第五十八节　钢(铁)涵洞工程质量评定表

小型农田水利工程钢(铁)涵洞工程质量评定表

单位工程名称					单位工程量		
分部工程名称					检验日期		
单元工程名称					评定日期		
项次	检查项目	质量标准				检验记录	
1	地基清理	无树根、草皮、乱石、坟墓,地质符合设计					
2	前后挡墙	表面光滑、平整,无破损现象					
3	钢管	钢管为螺旋焊接,焊口深度为钢板厚度的2/3,表面光滑、平整,无破损及塌坑现象					
4	防腐措施	防腐漆喷涂均匀,无漏喷					
5	土方回填	挡土墙及洞身两侧回填夯实,洞身上填土压实不小于60 cm					
项次	检测项目	允许偏差	设计值	实测值		合格数	合格率%
1	前后挡墙宽度	≥设计值					
2	前后挡墙高度	≥设计值					
3	前后挡墙钢板厚度	≥设计值					
4	钢管管壁厚度	≥设计值					
5	钢管直径	≥设计值					
施工单位自评意见		质量等级		监理单位复核意见		核定质量等级	
检查项目全部合格,检测项目合格率____%。							
施工单位名称				监理单位名称			
质检员		年　月　日		监理工程师		年　月　日	

注:(1)检测数量:总检查点不少于20个;

(2)单元工程质量标准:合格为允许偏差不小于70%,优良为允许偏差不小于90%。

第五十九节 晒水池工程质量评定表

小型农田水利工程晒水池工程质量评定表

单位工程名称		单位工程量	
分部工程名称		检验日期	
单元工程名称		评定日期	

项次	检查项目	质量标准	检验记录
1	地基清理	无树根、草皮、乱石、坟墓,地质符合设计	
2	池底	平整	
3	△土方填筑	分层碾压均匀,堤身无草伐、杂草	
4	边坡	平整,无洼坡,压实均匀	
5	混凝土衬砌	位置及平整度符合设计要求	

项次	检测项目	允许偏差	设计值	实测值	合格数	合格率（%）
1	池顶宽	±10 cm				
2	边坡	≥设计值				
3	堤顶高度	≥设计值				
4	底宽	≥设计值				
5	干密度	≥95%				

施工单位自评意见	质量等级	监理单位复核意见	核定质量等级
检查项目全部合格,检测项目合格率___%。			
施工单位名称		监理单位名称	
质检员	年 月 日	监理工程师	年 月 日

注:(1)检测数量:总检查点不少于30个;

(2)单元工程质量标准:合格为允许偏差不小于70%,优良为允许偏差不小于90%。

第六十节 水稻育秧大棚高台单元工程质量评定表

小型农田水利工程水稻育秧大棚高台单元工程质量评定表

单位工程名称		单位工程量	
分部工程名称		检验日期	
单元工程名称		评定日期	

项次	检查项目	质量标准	检验记录		
1	高台	高台边线顺直,台面平整,无杂草,无大土块,台体压实满足要求			
2	排水沟及棚间沟	排水沟、棚间沟边线顺直,沟底、边坡平整顺直			

项次	检测项目		允许偏差	设计值	实测值	合格数	合格率(%)
1	高台尺寸	长	±5 cm				
		宽	±3 cm				
		高	±2 cm				
2	高台边坡		±5%				
3	排水沟	上口宽	±5 cm				
		下口宽	±5 cm				
		挖深	±5 cm				
		边坡	±5%				
4	棚台间沟	上口宽	±5 cm				
		下口宽	±5 cm				
		挖深	±5 cm				
		边坡	±5%				
5	棚台间距		±10 cm				

施工单位自评意见	质量等级	监理单位复核意见	核定质量等级
检查项目全部合格,检测项目合格率____%。			
施工单位名称		监理单位名称	
质检员	年 月 日	监理工程师	年 月 日

注:(1)检测数量:总检查点不少于20个;

(2)单元工程质量标准:合格为允许偏差不小于70%,优良为允许偏差不小于90%。

124

第六十一节 泥结碎石路面单元工程质量评定表

小型农田水利工程泥结碎石路面单元工程质量评定表

单位工程名称													单元工程量		
分部工程名称													检验日期		
单元工程名称													评定日期		

	项次	项目名称	质量标准											检验结果		
检查项目	1	砂石料质量	①石料。可采用轧制碎石或天然碎石。碎石的扁平细长颗粒不宜超过20%,并不得有其他杂质; ②黏土。主要起黏结和填充的作用。黏土内不得含腐殖质或其他杂质,黏土量不宜超过石料干重的20%													
检查项目	2	碾压	碾压施工应符合施工要求													
检测项目	1	厚度	允许偏差 −3 cm	设计值	检测点偏差									合格点数		合格率(%)
检测项目	1	厚度	允许偏差 −3 cm	设计值	1	2	3	4	5	6	7	8	9	10	合格点数	合格率(%)
检测项目	2	宽度	±10 cm													
检测项目	3	平整度	5 cm													
检测项目	4	压实度	<5%													

施工单位自评意见	质量等级	监理单位复核意见	核定质量等级
检查项目全部合格,检测项目合格率___%。			
施工单位名称		监理单位名称	
质检员	年 月 日	监理工程师	年 月 日

注:(1)检测数量:总检查点不少于25个;

(2)单元工程质量标准:合格为允许偏差不小于70%,优良为允许偏差不小于90%。

第六十二节　道路单元工程质量评定表

小型农田水利工程道路单元工程质量评定表

单位工程名称			单元工程量		
分部工程名称			检验日期		
单元工程名称			评定日期		

项次	检查项目	质量标准	检验记录		
1	路边沟道边线	上下口边线顺直	上下口边线顺直		

项次	检测项目	质量标准	设计值	实测值	合格数	合格率(%)
1	路基填土干密度	≥92%设计值				
2	路面宽	允许偏差±10 cm				
3	路面高程	允许偏差0~20 cm				
4	取土沟道边坡	设计底宽的±10%，且小于20 cm				
5	马道	设计宽度的±10%，且<50 cm				
6	风化砂铺设厚度	≥设计断面尺寸				
7	压实度	≥90%				

施工单位自评意见	质量等级	监理单位核定意见	核定质量等级
检查项目质量全部符合质量标准,检测项目合格率＿＿%。			
施工单位名称		监理单位名称	
质检员　　　　　　　　年　月　日		监理工程师　　　　　　年　月　日	

注:(1)检测数量:总检查点不少于30个;

　　(2)单元工程质量标准:合格为允许偏差不小于70%,优良为允许偏差不小于90%。

第六十三节 暗管、鼠洞单元工程质量评定表

小型农田水利工程暗管、鼠洞单元工程质量评定表

单位工程名称				单元工程量			
分部工程名称				检验日期			
单元工程名称、部位				评定日期			

	项次	项目名称	质量标准			检验结果	
检查项目	1	暗管	尺寸材质符合设计要求,有出厂合格证、产品质量证明书等				
	2	暗管布设	暗管布设间距视地形而定,布局形式合理				
	3	暗管埋设	暗管覆土及滤料填放符合设计要求,表面平整,无黄土在耕地表面,滤料铺放均匀				
	4	鼠洞布设	根据耕地地形特点,因地布设鼠洞,布设合理				
	5	出口衔接	鼠洞、暗管出口与明沟衔接符合设计要求,出口下缘有保护措施				

	项次	项目名称	设计值	偏差值	实测值	合格点数	合格率(%)
检测项目	1	暗管埋设深度		±3 cm			
	2	暗管埋设间距		±20 cm			
	3	暗管滤料厚度		>设计值			
	4	鼠洞施工深度		±5 cm			
	5	鼠洞埋设间距		±20 cm			

施工单位自评意见	质量评定等级		监理单位核定意见	质量核定等级
检查项目全部符合质量标准。检测项目共检测____点,合格____点,合格率____%。				
施工单位			监理单位	
质检员		年 月 日	监理工程师	年 月 日

注:(1)检测数量:总检查点不少于25个;

　　(2)单元工程质量标准:合格为允许偏差不小于70%,优良为允许偏差不小于90%。

第六十四节 混凝土预制块衬砌单元工程质量评定表

小型农田水利工程混凝土预制块衬砌单元工程质量评定表

单位工程名称			单元工程量		
分部工程名称			检验日期		
单元工程名称、部位			评定日期		

	项次	项目名称	质量标准	检验结果	评定
检查项目	1	混凝土块预制	混凝土强度符合设计要求		
	2	预制块外观	尺寸准确、整齐统一,表面清洁平整		
	3	基础面	基础面干密度、土工布、垫层符合设计要求		
	4	预制块铺砌	平整、稳定、缝线规则		

	项次	项目名称	质量标准	总测点数	合格点数	合格率(%)
检测项目	1	坡面平整度	2 m 靠尺检测凸凹不超过 1 cm			
	2	预制块外观	边角破损不超过 5 mm			
	3	基础面高程	±2 cm			

施工单位自评意见	质量等级	监理单位复核意见	评定等级
检查项目全部合格,检测项目合格率____%。			
施工单位名称		监理单位名称	
质检员 年 月 日		监理工程师 年 月 日	

注:(1)检测数量:总检查点不少于30个;

    (2)单元工程质量标准:合格为允许偏差不小于70%,优良为允许偏差不小于90%。

第六十五节 暗管检修井单元工程质量评定表

小型农田水利工程暗管检修井单元工程质量评定表

单位工程名称		单元工程量	
分部工程名称		检验日期	
单元工程名称		评定日期	

项次	检查项目	质量标准	检验记录
1	△地基清理	无树根、草皮、乱石、坟墓,地质符合设计	
2	砂垫层	厚度、压实方法符合设计要求	
3	片石基础	厚度、砂浆标号符合设计要求	
4	砌石基础	抗压强度、断面尺寸、大面平整度符合设计要求	
5	△混凝土强度	符合图纸规定,按技术规范规定	
6	混凝土管或钢筋混凝土管抹带接口的要求	抹带前应将管口的外壁凿毛、扫净,当管径小于等于500 mm时,抹带可一次完成;当管径大于500 mm时,应分两次抹成,抹带不得有裂缝。钢丝网应在管道就位前放入下方,抹压浆砂时将钢丝压牢固,钢丝网不得外露。抹带厚度不得小于管壁的厚度,宽度值为80~100 mm	
7	检修井	出口与进口衔接、井径、壁宽规模尺寸、顶面高程、模板、混凝土浇筑等符合规范及设计要求	
8	土方回填	回填夯实,洞身上填土压实后不小于设计值	

项次	检测项目	允许偏差	设计值	总测点数	合格数	合格率（%）
1	纵横轴线偏位	当设计坡度>1%时，其任一点的允许偏位为20 mm；当设计坡度<1%时，任一点的允许偏位为10 mm				
2	基底高程	±20 mm				
3	顶面高程	±50 mm				
4	管座宽度	不小于设计				
5	管壁厚度	±5 mm				
6	管径偏差（内径和外径）	±10 mm				
7	管节接缝宽度	<10 mm				
8	坡度偏差	+0.3%				
9	相邻管节底面错口	管径≤1 m				
		>1 m				
10	垫层	≥90%的最大干密度				
11	检修井主钢筋中距偏差	±10 mm				
12	检修井箍筋中距偏差	±20 mm				

施工单位自评意见		质量评定等级	监理单位核定意见		质量核定等级
检查项目全部符合质量标准。检测项目共检测_____点，合格_____点，合格率_____%。					

施工单位		质检员： 年 月 日	建设（监理）单位	监理工程师： 年 月 日	

注:(1)检测数量:总检查点不少于20个；

(2)单元工程质量标准:合格为允许偏差不小于70%，优良为允许偏差不小于90%。

第二部分　农村饮水安全工程篇

第一章　工程内业资料整编内容、要求及样式

　　根据依据《农村饮水安全项目建设管理办法》、《黑龙江省农村饮水解困工程建设检查验收办法》、《黑龙江省农村饮水安全项目建设管理实施细则》、《黑龙江省农垦总局人畜饮水项目建设管理实施细则》和《水利水电工程施工质量评定表填表说明与示例》等有关农村饮水安全工程建设的规定要求，结合农村饮水安全工程的特点，本书编写了工程资料整编内容、归档要求以及档案卷封皮样式、档案盒正面样式、档案盒侧面样式和单位工程档案卷目录样式。

　　工程资料整编内容、归档要求及装订样式的确定，可以解决工程内业资料归档内容不全、格式不统一和随意性大等问题，为各单位提供一套完整、齐全和格式规范的档案资料。

第一节　工程内业资料整编内容

　　根据农村饮水安全工程特点，内业资料整编归档按开工审批卷、监理卷、技术资料卷、验收资料卷四卷内容进行整理，具体内容及要求如下：

　　一、开工审批卷

　　1. 省农村饮水安全工程年度投资计划文件

　　2. 市饮水安全工程年度计划文件

　　3. 市下达的工程变更批复文件（项目无变更可缺省）

　　4. 县呈报工程变更申请文件（项目无变更可缺省）

　　5. 市下达的年度饮水安全工程实施方案批复文件

　　6. 县呈报年度饮水安全工程实施方案申请文件

　　7. 农村饮水安全工程年度实施方案

　　8. 县成立农村饮水安全工程建设领导小组文件

9. 农村饮水安全工程建设责任状

10. 建设工程招标代理合同

11. 招投标文件(内容较多时可单附)

12. 施工合同文件

13. 工程项目划分表

二、监理卷

1. 监理合同、委托书

2. 监理实施细则

3. 监理大事记

4. 监理日志

三、技术资料卷

1. 单位工程开工报告审批表

2. 承建单位开工报告审批表

2.1 施工组织设计申请审批表

2.2 进场人员和施工设备申请核查表

2.3 进场材料/设备申请核查表

3. 施工组织设计

4. 承建单位规章制度

5. 各种材料、设备检验资料

6. 分部验收签证

7. 单位工程质量评定表

8. 分部工程质量评定表

9. 单元工程质量评定表

10. 各工序质量评定表

11. 工程施工大事记

12. 施工日志

13. 抽水试验

14. 水质检验报告(水源水质处理前后各一份,需用原件)

15. 平面布置图(CAD 制图)

16. 工程照片(可单附)

四、验收资料卷

1. 竣工验收鉴定书
2. 验收百分制评分表
3. 县水务局申请竣工验收文件
4. 初步验收鉴定书
5. 受益人口和补助资金到位统计表(职工签字不少于 3 人)
6. 工程建设管理工作报告
7. 工程施工管理工作报告
8. 工程建设监理工作报告
9. 工程试运行报告
10. 财务决算、审计报告

第二节　工程内业资料归档要求

一、卷内资料印制要求

(1)档案资料一式两套。纸张规格统一为 A4(297 mm×210 mm),原件至少一份(验收所需提供资料见附件、附表);

(2)每卷资料较多时,可分卷装订,但需用代号注明。

二、卷内资料签字盖章要求

(1)卷内资料签字必须用碳素墨水、蓝黑墨水填写,铅笔、圆珠笔、纯蓝墨水填写无效;

(2)卷内资料由责任人签字部位必须由责任人签字,空缺无效;

(3)卷内资料须责任单位加盖单位公章的一律加盖公章,空缺无效。

三、卷皮书写及装订要求

(1)档案卷封皮一律采用档案部门统一规格的牛皮纸卷皮,装订成册;

(2)档案卷封皮书写一律采用计算机打字,字体及型号要求见附表;

(3)各卷装订完毕后,统一装入纸壳档案盒。档案盒封皮名称用白纸打字后粘贴,字体及型号要求见附表;

(4)归档整理完整、干净、整齐。

第三节　装订样式

一、档案卷封皮

＜第一层＞ 华文中宋22号

××县××年农村饮水安全工程

华文中宋24号

××县××年农村饮水安全工程
竣工资料

华文中宋28号

第一卷
1—1
华文中宋36号

开工审批卷

华文中宋18号

| 自　年　月至　年　月 | 保管期限 |
| 本卷共　　件　　页 | 归档号 |

二、档案盒封皮

档　　　　　号：××××

档案馆（室）号：××××

缩　微　　号：××××

华文中宋18号

华文中宋28号

××县××年农村饮水安全工程

华文中宋18号

案卷题名：	
编制单位：	
编制日期：	
保管日期：	
密　　级：	

三、档案盒侧面

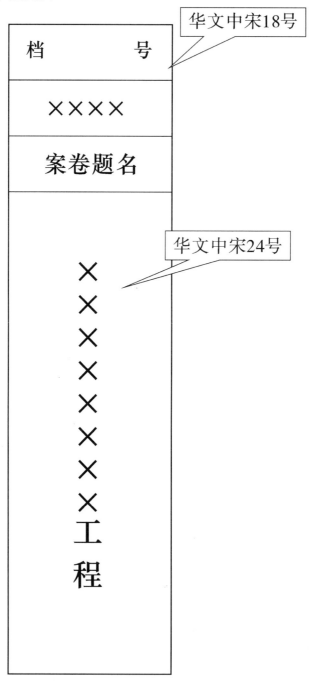

四、档案卷目录

华文中宋24号

××××单位工程资料总目录

序号	资料名称	全卷编号	页数	资料提供单位	日期
（一）					
1					
2					
3					
⋮					
（二）					
4					
5					
6					
⋮					
（三）					
7					
8					
9					
⋮					
（四）					
10					
⋮					

华文中宋14号

第二章　工程开工管理

　　工程开工管理是基本建设程序的重要环节,是加强建设管理工作的有效手段。认真做好开工管理工作,对于严格执行水利工程基本建设程序,切实保证工程质量、安全,依法规范有序地开展工程建设具有重要的作用。

　　本章侧重于开工手续的报批、招标报告及招标代理合同、工程施工合同及监理合同、项目的划分四个方面,解决了各部门投资兴建的农村饮水安全工程建管建设管理程序不明确、格式不统一、程序烦琐等问题,有效保证了参建各方的权益,以利于提高工程的建设质量。

第一节 单位工程开工报告申请审批表

饮水安全工程单位工程开工报告申请审批表

市水务局:

　　我县_____年度第_____批饮水安全工程,计划总投资_____万元,其中国投_____万元,自筹_____万元,解决_____村饮水安全问题。计划工期为_____年_____月_____日至_____年_____月_____日。建设资金已落实,实施方案已获批准,承建单位已选定并已签订合同,监理人员已到位,具备开工条件,特此申请开工。

　　项目法人(盖章):　　　　　　　　法人代表:

　　　　　　　　　　　　　　　　　　申请日期:

审批意见:

　　(盖章)

　　经办人:

　　　　　　　　　　　　　　　批准日期:　　年　　月　　日

第二节 承建单位开工申请审批表

饮水安全工程承建单位开工申请审批表

_____监理部：

　　我方承担饮水安全工程＿＿＿个分部工程,合同金额_____万元,工期为＿＿＿年＿＿＿月＿＿＿日至＿＿＿年＿＿＿月＿＿＿日。现已完成各项准备工作,具备开工条件,特此申请开工。

附件：

1. 施工组织设计申请核查表(见附表1)
2. 进场人员和施工设备申请核查表(见附表2)
3. 进场材料/设备申请核查表(见附表3)

承建单位(盖章)：　　　　　　　　项目经理：

　　　　　　　　　　　　　　　　申请日期：

审批意见

监理部(盖章)：　　　　　　　　总监理工程师：

　　　　　　　　　　　　　　　　批准日期：　　　年　　　月　　　日

附表1 饮水安全工程施工组织设计申请审批表

_____监理部：

我方已编制完成_____ 工程的施工组织设计,请予以审批。

附件:施工组织设计

承建单位(盖章)：　　　　　　　　项目经理

　　　　　　　　　　　　　　　　申请日期：　　年　　月　　日

审批意见

　　　　　　　　　　　　　　　　监理工程师：

　　　　　　　　　　　　　　　　审查日期：　　年　　月　　日

_____监理部：

　　我方已于___年___月___日进场人员____名,其中管理人员____名, 施工人员_____名;施工设备__套。请予以核查。

附件：
　　1.项目经理、技术负责人、质检员、资格证书和单位资质证书(复印件)
　　2.施工设备清单

承建单位(盖章)：　　　　　　　　项目经理：
　　　　　　　　　　　　　　　　　申请日期：　　年　　月　　日

核查意见

　　　　　　　　　　　　　　　　　监理工程师：
　　　　　　　　　　　　　　　　　审查日期：　　年　　月　　日

附表3 饮水安全工程进场材料/设备申请核查表

_____监理部：

  我方于_____年_____月_____日进场的工程材料/设备,拟用于工程,请予以核查。

  附件：
   □材料/设备清单
   □质量证明文件
   □自检结果

承建单位(盖章)：　　　　　　　　　　　项目经理：

               申请日期：　　年　　月　　日

核查意见

           监理工程师：

           审查日期：　　年　　月　　日

第三节 招标报告及招标代理合同

一、招标报告

_____工程

招 标 报 告

招 标 单 位：_____

法 人 代 表：_____

联 系 电 话：_____

手 机：_____

招 标 代 理 单 位：_____

法 人 代 表：_____

日 期：_____

×××省×××市水务局制

招标报告

一、工程概况

建设地点：

建设内容：

二、招标已具备的条件、招标方式、分标方案

招标具备的条件：

招标方式：

标段划分：

三、招标计划安排

四、对投标人的资质（资格）条件的要求

五、评标方法、评标委员会组建以及开标、评标的工作具体安排

评标方法：

评标委员会组建：

开标、评标工作的具体安排：

单位：××县

年　月　日

_____ 工程

招标报告备案登记表

×××省×××市水务局制

项目法人单位		法人代表	
工程名称		实施方案批准单位及文号	
工程类型		批复的总投资	
建设规模		设计单位	
工程计划下达文号及建设内容			
国投资金（万元）		企业自筹（万元）	
拟招标项目的工程概况及建设规模、内容			
招标方式		评标方法	
评标委员会组成方式		定标方式	

分标方案			
招标代理单位		法人代表	
投标单位 资质等级要求			
项目法人单位 申报意见	法人签字： 申报单位： 　年　月　日		
上级主管部门 审查意见	经办人： 　　章 　年 月 日		
市水利招标投标 领导小组办公室 备案意见	经办人： 　　章 　年 月 日		

二、招标代理合同

合同编号：

建设工程招标代理合同

中华人民共和国建设部
国家工商行政管理总局　制定

工程建设项目招标代理协议书

委托人：_____

受托人：_____

依照《中华人民共和国合同法》、《中华人民共和国招标投标法》及国家有关法律、行政法规,遵循平等、自愿、公平和诚实信用原则,双方就_____工程招标代理事项协商一致,订立本合同。

一、工程概况：

工程名称：_____

地　　点：_____

规　　模：_____

招标规模：_____

总投资额：_____

二、委托人委托受托人为_____工程的招标代理机构,承担____工程招标代理工作。

三、合同价格

代理报酬为人民币_____元(按中标金额进行计算)。

四、组成本合同的文件

1.本合同履行过程中双方以书面形式签署的补充和修正文件；

2.本合同协议书；

3.本合同专用条款；

4.本合同通用条款。

五、本协议书中的有关词语定义与本合同第一部分《通用条款》中分别赋予它们的定义相同。

六、受托人向委托人承诺,按照本合同的约定,承担本合同专用条款中约定范围的代理业务。

七、委托人向受托人承诺,按照本合同的约定,确保代理报酬的支付。

八、合同订立

合同订立时间：_____年___月___日

合同订立地点：_____

九、合同生效

本合同双方约定_____后生效。

委　托　人:(盖章)　　　　　　　受　托　人:(盖章)
法定代表人:(签字或盖章)　　　　法定代表人:(签字或盖章)
授权代理人:(签字或盖章)　　　　授权代理人:(签字或盖章)
单位地址:　　　　　　　　　　　单位地址:
邮政编码:　　　　　　　　　　　邮政编码:
联系电话:　　　　　　　　　　　联系电话:
传　　真:　　　　　　　　　　　传　　真:
电子信箱:　　　　　　　　　　　电子信箱:
开户银行:　　　　　　　　　　　开户银行:
账　　号:　　　　　　　　　　　账　　号:

第一部分 通用条款

一、词语定义和适用法律

1. 词语定义

下列词语除本合同专用条件另有约定外,应具有本条款所赋予的定义。

1.1 招标代理合同:委托人将工程建设项目招标工作委托给具有相应招标代理资质的受托人,实施招标活动签订的委托合同。

1.2 通用条款:是根据有关法律、行政法规和工程建设项目招标代理的需要所订立,通用于各类工程建设项目招标代理的条款。

1.3 专用条款:是委托人与受托人根据有关法律、行政法规规定,结合具体工程建设项目招标代理的实际,经协商达成一致意见的条款,是对通用条款的具体化、补充或修改。

1.4 委托人:指在合同中约定的,具有建设项目招标委托主体资格的当事人,以及取得该当事人资格的合法继承人。

1.5 受托人:指在合同中约定的,被委托人接受的具有建设项目招标代理主体资格的当事人,以及取得该当事人资格的合法继承人。

1.6 招标代理项目负责人:指受托人在专用条款中指定的负责合同履行的代表。

1.7 工程建设项目:指由委托人和受托人在合同中约定的委托代理招标的工程。

1.8 招标代理业务:委托人委托受托人代理实施工程建设项目招标的工作内容。

1.9 附加服务:指委托人和受托人在合同通用条款4.1款和专用条款4.1款中双方约定工作范围之外的附加工作。

1.10 代理报酬:委托人和受托人在合同中约定的,受托人按照约定应收取的代理报酬总额。

1.11 图纸:指由委托人提供满足招标需要的所有图纸、计算书、配套说明以及相关的技术资料。

1.12 书面形式:指具有公章、法定代表人或授权代理人签字的合同书、信件和数据电文(包括电报、电传、传真)等可以有形地表现所载内容的形式。

1.13 违约责任:指合同一方不履行合同义务或履行合同义务不符合约定所承担的责任。

1.14　索赔:指在合同履行过程中,对于并非自己的过错,而是应由对方承担责任的情况造成的实际损失,向对方提出经济补偿或其他的要求。

1.15　不可抗力:指双方无法控制和不可预见的事件,但不包括双方的违约或疏忽。这些事件包括但不限于战争、严重火灾、洪水、台风、地震,或其他双方一致认为属于不可抗力的事件。

1.16　小时或天:本合同中规定按小时计算时间的,从时间有效开始时计算(不扣除休息时间);规定按天计算时间的,开始当天不计入,从次日开始计算。时限的最后一天是休息日或者其他法定节假日的,以节假日次日为时限的最后一天。时限的最后一天的截止时间为当日24时。

2.合同文件和解释顺序

2.1　合同文件应能互相解释,互为说明。除本合同专用条款另有规定外,组成本合同的文件及优先解释顺序如下:

(1)本合同履行过程中双方以书面形式签署的补充和修正文件;

(2)本合同协议书;

(3)本合同专用条款;

(4)本合同通用条款。

2.2　当合同文件内容出现含糊不清或不相一致时,应在不影响招标代理业务正常进行的情况下,由委托人和受托人协商解决。双方协商不成时,按本合同通用条款第12条关于争议的约定处理。

3.语言文字和适用法律

3.1　语言文字

除本合同专用条款中另有约定,本合同文件使用汉语语言文字书写、解释和说明。如本合同专用条款约定使用两种以上(含两种)语言文字时,汉语应为解释和说明本合同的标准语言文字。

3.2　适用法律和行政法规

本合同文件使用有关法律和行政法规。需要明示的法律和行政法规,双方可在本合同专用条款中约定。

二、双方一般权利和义务

4.委托人的义务

4.1　委托人将委托招标代理工作的具体范围和内容在本合同专用条款中的约定。

(1)向受托人提供本工程招标代理业务应具备的相关工程前期资料(如立项批准手续规划许可、报建证等)及资金落实情况资料;

（2）向受托人提供完成本工程招标代理业务所需的全部技术资料和图纸，需要交底的须向受托人详细交底，并对提供资料的真实性、完整性、准确性负责；

（3）向受托人提供保证招标工作顺利完成的条件，提供的条件在本合同专用条款内约定；

（4）指定专人与受托人联系，指定人员的姓名、职务、职称在本合同专用条款内约定；

（5）根据需要，做好与第三者的协调工作；

（6）按本合同专用条款的约定支付代理报酬；

（7）依法应尽的其他义务，双方在本合同专用条款内约定。

4.3 受托人在履行招标代理业务过程中，提出的超出招标代理范围的合理化建议，经委托人同意并取得经济效益，委托人应向受托人支付一定的经济奖励。

4.4 委托人负责对受托人为本合同提供的技术服务进行知识产权保护的责任。

4.5 委托人未能履行以上各项义务，给受托人造成损失的，应当赔偿受托人的有关损失。

5.受托人的义务

5.1 受托人应根据本合同专用条款中约定的委托招标代理业务的工作范围和内容，选择有足够经验的专职技术经济人员担任招标代理项目负责人。招标代理项目负责人的姓名、身份证号在专用条款内写明。

5.2 受托人按本合同专用条款约定的内容和时间完成下列工作：

（1）依法按照公开、公平、公正和诚实信用原则，组织招标工作，维护各方的合法权益；

（2）应用专业技术于技能为委托人提供完成招标工作相关的咨询服务；

（3）向委托人宣传有关工程招标的法律、行政法规和规章，解释合理的招标程序，以便得到委托人的支持和配合；

（4）依法应尽的其他义务，双方在本合同专用条款内约定。

5.3 受托人应对招标工作中受托人所出具有关数据的计算、技术经济资料等的科学性和准确性负责。

5.4 受托人不得接受与本合同工程建设项目中委托招标范围之内的相关的投标咨询业务。

5.5 受托人为本合同提供技术服务的知识产权应属受托人专有。任何第三方如果提出侵权指控，受托人须与第三方交涉并承担由此而引起的一切法律责任和费用。

5.6 未经委托人同意，受托人不得分包或转让本合同的任何权利和义务。

5.7　受托人不得接受所有投标人的礼品、宴请和任何其他好处,不得泄露招标、评标、定标过程中依法需要保护的内容。合同终止后,未经委托人同意,受托人不得泄露与本合同工程相关的任何招标资料和情况。

5.8　受托人不能履行以上各项义务,给委托人造成损失的,应当赔偿委托人的有关损失。

6.委托人的权利

6.1　委托人拥有下列权利:

(1)按合同约定,接收招标代理成果;

(2)向受托人询问本合同工程招标代理工作进展情况和相关内容或提出不违反法律、行政犯规的建议;

(3)审查受托人为本合同工程编制的各种文件,并提出修改意见;

(4)要求受托人提交招标代理业务工作报告;

(5)与受托人协商,建议更换其不称职的招标代理从业人员;

(6)依法选择中标人;

(7)本合同履行期间,由于受托人不履行合同约定的内容,给委托人造成损失或影响招标工作正常进行的,委托人有权终止本合同,并依法向受托人追索经济赔偿,直至追究法律责任;

(8)依法享有的其他权利,双方在本合同专用条款内约定。

7.受托人的权利

7.1　受托人享有下列权利:

(1)按合同约定收取委托代理报酬;

(2)对招标过程中应由委托人作出的决定,受托人有权提出建议;

(3)当委托人提供的资料不足或不明确时,有权要求委托人补足资料或作出明确的答复;

(4)拒绝委托人提出的违反法律、行政法规的要求,并向委托人作出解释;

(5)有权参加委托人组织的涉及招标工作的所有会议和活动;

(6)对于为本合同工程编制的所有文件拥有知识产权,委托人仅有使用或复制的权利;

(7)依法享有的其他权利,双方在本合同专用条款内约定。

三、委托代理报酬与收取

8.委托代理报酬

8.1　双方按照本合同约定的招标代理业务范围,在本合同专用条款内约定委托代理报酬的计算方法、金额、币种、汇率和支付方式、支付时间。

8.2　受托人对所承接的招标代理业务需要外出考察的,其外出人员数量和费用,经委托人同意后,向委托人实报实销。

8.3　在招标代理业务范围内所发生的费用(如评标会务费、评标专家的差旅费、劳务费、公证费等),由委托人与受托人在补充条款中约定。

9.委托代理报酬的收取

9.1　由委托人支付代理报酬的,在本合同签订后10日内,委托人应向受托人支付不少于全部代理报酬20%的代理预付款,具体额度(或比例)双方在专用条款内约定。

由中标人支付代理报酬的,在中标人与委托人签订承包合同5日内,将本合同约定的全部委托代理报酬一次性支付给受托人。

9.2　受托人完成委托人委托的招标代理工作范围以外的工作,为附加服务项目,应收取报酬由双方协商,签订补充协议。

9.3　委托人在本合同专用条款约定的支付时间内,未能如期支付代理预付费用,自应支付之日起,按同期银行贷款利息,计算支付应付代理报酬的利息。

9.4　委托人在本合同专用条款约定的支付时间内,未能如期支付代理报酬,除应承担违约责任外,还应按同期银行贷款利率,计算支付应付代理报酬的利息。

9.5　委托代理报酬应由委托人按本合同专用条款约定的支付方法和时间,直接向受托人支付,或受托人按照约定直接向中标人收取。

四、违约、索赔和争议

10.违约

10.1　委托人违约。当发生以下情况时:

(1)本合同通用条款第4.2款(3)中提到的委托人未按本合同专用条款的约定向委托人提供为保证招标工作顺利完成的条件,致使招标工作无法进行;

(2)本合同通用条款第4.2款(6)中提到的委托人未按本合同专用条款的约定向受托人支付委托代理报酬;

(3)委托人不履行合同义务或不按合同约定履行义务的其他情况。

委托人承担违约责任,赔偿因其违约给受托人造成的经济损失,双方在本合同专用条款约定委托人赔偿受托人损失的计算方法或委托人应当支付违约金的数额或计算方法。

10.2　委托人违约。当发生以下情况时:

(1)本合同通用条款第5.2款(2)中提到的受托人未按本合同专用条款的约定,向委托人提供为完成招标工作的咨询服务;

(2)本合同条款第5.4款提到的受托人未按本合同专用条款的约定,接受了与本合同工程建设项目有关的投标咨询业务；

（3）本合同通用条款第5.7款提到的受托人未按本合同专用条款的约定，泄露了与本合同工程相关的任何招标资料和情况；

（4）受托人不履行合同义务或不按合同约定履行义务的其他情况。

受托人承担违约责任，赔偿因其违约给委托人造成的经济损失，双方在本合同专用条款内约定受托人损失的计算方法或受托人应当支付违约金的数额或计算方法。受托人承担违约责任，赔偿金额最高不应超过委托代理报酬的金额（扣除税金）。

10.3 第三方违约。如果一方的违约被认定为是与第三方共同作成的，则应由合同双方中有违约的一方先行向另一方承担全部违约责任，再由承担违约责任的一方向第三方追索。

11. 索赔

11.1 当事人一方向另一方提出索赔时，要有正当的索赔理由，且有索赔发生时的有效证据。

11.2 委托人未能按合同约定履行自己的各项义务，或者发生应由委托人承担责任的其他情况，给受托人造成损失，受托人可按下列程序以书面形式向委托人索赔：

（1）索赔事件发生7日内，向委托人提出索赔报告及有关资料；

（2）委托人收到受托人的索赔报告及有关资料后，于7日内给予答复，或要求受托人进一步补充索赔理由和证据；

（3）委托人在收到受托人送交的索赔报告和有关资料后7天内未予答复，或未对受托人作进一步要求，视为该项索赔已经认可。

11.3 受托人未能按合同约定履行自己的各项义务，或者发生应由受托人承担责任的其他情况，给委托人造成经济损失，委托人可按第11.2款约定的时限和程序向受托人提出索赔。

12. 争议

12.1 委托人和受托人在履行合同时发生争议，可以和解或者向有关部门或机构申请调节。当事人不愿和解、调解或者和解、调解不成的，双方可以在本合同专用条款内约定以下一种方式解决争议：

（1）双方达成仲裁协议，向约定的仲裁委员会申请仲裁；

（2）向有管辖权的人民法院起诉。

五、合同变更、生效与终止

13. 合同变更或解除

13.1　本合同签订后,由于委托人原因,使得受托人不能持续履行招标代理业务时,委托人应及时通知受托人暂停招标代理业务。当需要恢复招标代理业务时,应当在正式恢复前7天通知受托人。

若暂停时间超过六个月,当需要恢复招标代理业务时,委托人应支付重新启动该招标代理工作一定的补偿费用,具体计算方法经双方协商以补充协议确定。

13.2　本合同签订后,如因法律、行政法规发生变化或由于任何后续新颁布的法律、行政法规导致服务所需的成本或时间发生改变,则本合同约定的服务报酬和服务期限由双方签订补充协议进行相应调整。

13.3　本合同当事人一方要求变更或解除合同时,除法律、行政法规另有规定外,应与对方当事人协商一致并达成书面协议。未达成书面协议的,本合同依然有效。

13.4　因解除合同使当事人一方遭受损失的,除依法可以免除责任外,应由责任方负责赔偿对方的损失,赔偿方法与金额由双方在协议中约定。

14. 合同生效

14.1　除生效条件双方在协议书中另有约定外,本合同自双方签字盖章之日起生效。

15. 合同终止

15.1　受托人完成委托人全部委托招标代理业务,且委托人或中标人支付了全部代理报酬(含附加服务的报酬)后本合同终止。

15.2　本合同终止并不影响各方应有的权利和应承担的义务。

15.3　因不可抗力,致使当事人一方或双方不能履行本合同时,双方应协商确定本合同继续履行的条件或终止本合同。如果双方不能就本合同继续履行的条件或终止本合同达成一致意见,本合同自行终止。除委托人应付给受托人已完成工作的报酬外,各自承担相应的损失。

15.4　本合同的权利义务终止后,委托人和受托人应当遵守诚实信用原则,履行通知、协助、保密等义务。

六、其他

16. 合同的份数

16.1　本合同正本一式两份,委托人和受托人各执一份。副本根据双方需要在本合同专用条款内约定。

17. 补充条款

双方根据有关法律、行政法规规定,结合本合同招标工程实际,经协商一致后,可对本合同通用条款未涉及的内容进行补充。

第二部分　专用条款

一、词语定义和适用法律

2. 合同文件及解释顺序

2.1　合同文件及解释顺序＿＿＿＿＿＿＿＿＿＿＿＿＿＿＿＿＿＿

＿＿＿＿＿＿＿＿＿＿＿＿＿＿＿＿＿＿＿＿＿＿＿＿＿＿＿＿＿＿＿

＿＿＿＿＿＿＿＿＿＿＿＿＿＿＿＿＿＿＿＿＿＿＿＿＿＿＿＿＿＿。

3. 语言文字和适用法律

3.1　语言文字

本合同采用的文字为:*汉语*

3.2　本合同需要明示的法律、行政法规:*《中华人民共和国招标投标法》*

＿＿＿＿＿＿＿＿＿＿＿＿＿＿＿＿＿＿＿＿＿＿＿＿＿＿＿＿＿＿。

二、双方一般权利和义务

4. 委托人的义务

4.1　委托招标代理工作的具体范围和内容:*编制工程招标方案、招标报告、参与编制招标文件、编制招标公告、组织参观现场及答疑、编制标底、组织开标、评标工作、参与确定中标人、参与编制评标报告,提供法律咨询意见书。*

4.2　委托人应按约定的时间和要求完成下列工作:

(1)向受托人提供本工程招标代理业务应具备的相关工程前期资料(如立项批准手续、规划许可、报建证等)及资金落实情况资料的时间:＿＿＿＿＿＿＿;

(2)向受托人提供完成代理招标业务所需的全部资料的时间:＿＿＿＿＿

＿＿＿＿＿＿＿＿;

(3)向受托人提供保证招标工作顺利完成的条件:*提供编制招标文件需要的材料、图纸、招标报告*

＿＿＿＿＿＿＿＿＿＿＿＿＿＿＿＿＿＿＿＿＿＿＿＿＿＿＿＿＿＿＿;

(4)指定的与受托人联系的人员

姓名:＿＿＿＿＿＿＿＿＿＿＿＿＿＿＿＿＿＿＿＿

职务:＿＿＿＿＿＿＿＿＿＿＿＿＿＿＿＿＿＿＿＿

职称:＿＿＿＿＿＿＿＿＿＿＿＿＿＿＿＿＿＿＿＿

电话:＿＿＿＿＿＿＿＿＿＿＿＿＿＿＿＿＿＿＿＿

(5)需要与第三方需要协调的工作:＿＿＿＿＿＿＿＿＿＿＿＿＿＿

_____

_____ ；

(6)应尽的其他业务：_____

_____

_____ 。

5.受托人的义务

5.1 招标代理项目负责人姓名：_____身份证号：_____ 。

5.2 受托人应按约定的时间和要求完成下列工作：

(1)组织招标工作的内容和时间：_____

_____ ；

(2)为招标人提供的为完成招标工作的相关咨询服务：*技术咨询服务、业务*
*咨询服务*_____

_____ ；

(3)承担招标代理业务过程中,应由受托人支付的费用：_____

_____ ；

(4)应尽的其他义务：_____

_____ 。

6. 委托人的权利

6.1 委托人拥有的权利：

(1)委托人拥有的其他权利：_____

_____

_____ 。

7.受托人的权利

7.1 受托人拥有的权利：_____

_____

_____ 。

三、委托代理报酬的收取

8.委托代理报酬

8.1 代理报酬的计算方法：*招标代理费按照《国家计委关于印发〈招标代*
理服务收费管理暂行办法〉的通知》(计价格〔2002〕1980号)规定执行。按中标
金额采用差额定率累加进行计算。

代理报酬的金额或收取比例：_____ 。

代理报酬的币种： 人民币_____ 汇率：_____ ；

代理报酬的支付方式:银行电汇＿＿＿＿＿＿＿＿＿＿ ;

代理报酬的支付时间:＿＿＿＿＿＿＿＿＿＿＿＿ 。

9.委托代理报酬的收取

9.1 预付委托代理费用额度(比例):＿＿＿＿＿＿＿＿＿＿＿＿＿＿＿＿＿＿ 。

9.3 预期支付时,银行贷款利率:＿＿＿＿＿＿＿＿＿＿＿＿＿＿＿＿＿＿＿ 。

9.4 预期支付时,应收取的利息:＿＿＿＿＿＿＿＿＿＿＿＿＿＿＿＿＿＿ 。

四、违约、索赔和争议

10.违约

10.1 本合同关于委托人违约的具体责任:

(1)委托人未按照本合同通用条款第4.2款(3)中的约定,向受托人提供保证招标工作顺利完成的条件应承担的违约责任:

＿＿＿＿＿＿＿＿＿＿＿＿＿＿＿＿＿＿＿＿＿＿＿＿＿＿＿＿＿＿＿＿＿＿ ;

(2)委托人未按本合同通用条款4.2款(6)中的约定,向受托人支付委托代理报酬应承担的违约责任:＿＿＿＿＿＿＿＿＿＿＿＿＿＿＿＿＿＿＿＿＿

＿＿＿＿＿＿＿＿＿＿＿＿＿＿＿＿＿＿＿＿＿＿＿＿＿＿＿＿＿＿＿＿＿＿

＿＿＿＿＿＿＿＿＿＿＿＿＿＿＿＿＿＿＿＿＿＿＿＿＿＿＿＿＿＿＿＿＿＿ ;

(3)双方约定的委托人的其他违约责任:＿＿＿＿＿＿＿＿＿＿＿＿＿＿＿

＿＿＿＿＿＿＿＿＿＿＿＿＿＿＿＿＿＿＿＿＿＿＿＿＿＿＿＿＿＿＿＿＿＿

＿＿＿＿＿＿＿＿＿＿＿＿＿＿＿＿＿＿＿＿＿＿＿＿＿＿＿＿＿＿＿＿＿＿ 。

10.2 本合同关于受托人违约的具体责任:

(1)受托人未按照本合同通用条款第5.2款(2)中的约定,向委托人提供为完成招标工作的咨询服务应承担的违约责任:＿＿＿＿＿＿＿＿＿＿＿＿＿

＿＿＿＿＿＿＿＿＿＿＿＿＿＿＿＿＿＿＿＿＿＿＿＿＿＿＿＿＿＿＿＿＿＿

＿＿＿＿＿＿＿＿＿＿＿＿＿＿＿＿＿＿＿＿＿＿＿＿＿＿＿＿＿＿＿＿＿＿ ;

(2)受托人违反本合同通用条款第5.4款的约定,接受了与本合同工程建设项目有关的投标咨询业务应承担的违约责任:＿＿＿＿＿＿＿＿＿＿＿＿＿

＿＿＿＿＿＿＿＿＿＿＿＿＿＿＿＿＿＿＿＿＿＿＿＿＿＿＿＿＿＿＿＿＿＿ ;

(3)受托人违反本合同通用条款第5.7款的约定,泄露了与本合同工程相关的任何不应泄露的招标资料和情况应承担的违约责任:＿＿＿＿＿＿＿＿＿

＿＿＿＿＿＿＿＿＿＿＿＿＿＿＿＿＿＿＿＿＿＿＿＿＿＿＿＿＿＿＿＿＿＿ ;

(4)双方约定的受托人的其他违约责任:＿＿＿＿＿＿＿＿＿＿＿＿＿＿＿

＿＿＿＿＿＿＿＿＿＿＿＿＿＿＿＿＿＿＿＿＿＿＿＿＿＿＿＿＿＿＿＿＿＿ 。

12. 争议

12.1　双方约定,凡因执行本合同所发生的与本合同有关的一切争议,当和解或调解不成时,选择下列第_____种方式解决;

(1)将争议提交_____仲裁委员会仲裁;

(2)依法向_____中级人民法院提起诉讼。

六、其他

16. 合同份数

16.2　双方约定本合同副本____份,其中,委托人____份,受托人____份。

17. 补充条款:

_____

_____

_____

_____

_____

_____

_____

_____

_____

_____

_____

_____

_____

_____ ○

第四节　工程施工合同及监理合同

一、农村饮水安全工程施工合同

农村饮水安全工程施工合同

合同编号：＿＿＿＿＿＿＿＿＿

依据《中华人民共和国合同法》，＿＿＿＿＿＿＿＿＿＿＿＿（发包单位名称以下简称发包人）与＿＿＿＿＿＿＿＿＿（承建单位名称以下简称承包人），就＿＿＿县＿＿＿年农村饮水安全工程＿＿＿＿＿＿＿＿＿＿＿＿＿＿＿＿＿＿＿＿＿建设有关事项，经协商一致，签订本合同。

1. 工程名称：＿＿＿＿＿＿＿＿＿＿。
2. 工程地点：＿＿＿＿＿＿＿＿＿＿。
3. 工程规模及特性：＿＿＿＿＿＿＿＿＿。
4. 施工内容：＿＿＿＿＿＿＿＿＿＿。
5. 工程期限自＿＿＿年＿＿月＿＿日始至＿＿＿年＿＿月＿＿日止。
6. 工程合同总金额（大写）：＿＿＿＿＿＿＿＿＿＿万元。

发　包　人：　　（盖章）　　承　包　人：　　（盖章）
法定代表人：　　（签章）　　法定代表人：　　（签章）
委托代理人：　　（签章）　　委托代理人：　　（签章）
签订时间：
签订地点：
邮　　编：＿＿＿＿＿＿　　邮　　编：＿＿＿＿＿＿
电　　话：＿＿＿＿＿＿　　电　　话：＿＿＿＿＿＿
传　　真：＿＿＿＿＿＿　　传　　真：＿＿＿＿＿＿
开户银行：＿＿＿＿＿＿　　开户银行：＿＿＿＿＿＿
账　　号：＿＿＿＿＿＿　　账　　号：＿＿＿＿＿＿

合同要求

1.合同文件的组成及解释顺序

1.1 施工合同书；

1.2 中标通知书；

1.3 投标报价书；

1.4 设计资料（包括图纸等）；

1.5 已标价的工程量清单；

1.6 双方确认进入合同的其他资料。

上列合同资料为一整体，代替了本合同书签署前双方签署的所有的协议、会谈记录以及有关相互承诺的一切资料。

2.发包人、承包人的义务、责任及监理人的职责、权限

2.1 发包人的义务和责任

（1）发包人应在其实施本合同全部工作中遵守与本合同有关的法律、法规和规章，并应承担由于自身违反上述法律、法规和规章的责任。

（2）发包人应委托监理人按合同规定的日期前向承包人发布开工通知。

（3）发包人应在开工通知发出前提供必要的条件，安排监理人及时进入工地开展监理工作。

（4）发包人应向承包人提供已有的与合同工程有关的水文地质勘探资料，但不对承包内使用上述资料所作的分析、判断和推论负责。

（5）发包人应在合同规定的期限内向承包人提供应由发包人负责提供的图纸。

（6）非承包人采购的材料和设备，应由供方和发包人、承包人在指定的交货点共同进行验收，做好检验测试记录，并办理交接手续，由供方正式移交给承包人。

（7）发包人近期支付合同价款：＿＿＿＿＿＿＿＿＿＿＿＿＿＿＿。

（8）发包人统一管理工程的文明施工、环境保护和安全保卫工作。

2.2 承包人的义务和责任

（1）承包人在其负责的各项工作中遵守与本合同有关的法律、法规和规章并保证发包人免予承担由于承包人违反上述法律、法规和规章的责任。

（2）承包人应认真执行监理人发出的与合同有关的任何指示，按合同规定的内容和时间完成全部承包工作。

（3）承包人应按合同规定的内容和时间要求,编制施工组织设计,报监理审批,并对现场的作业和施工方法的完备和可靠负全部责任。

（4）除合同另有规定外,承包人应提供为完成本合同工作所需的劳务、材料、施工设备、工程设备和其他物品。承包人提供材料和设备的同时应提供该材料和设备的质量证明文件,承包人应按有关规定对材料和设备进行检查,形成记录,并接受监理人或发包人的复检,不合格的材料和设备禁在本工程中使用,承包人承担因使用不合格的材料和设备造成的一切后果。

（5）承包人应按规定向发包人和监理人提交施工进度计划,并必须每30日按要求向发包人和监理人提供工程施工进度报表。

（6）承包人应建立健全质量保证体系,要设置专门的检查机构、检查人员,要建立完善的检查制度。严格按照设计文件要求和《机井技术规范》规定进行施工。承包人应为监理人的检查和检验提供一切方便,但监理人的检查和检验不免除承包人应负的责任。

（7）承包人应按国家有关规定文明施工,保证工程和人员安全,保护好土地和附近的环境,避免施工对公众利益造成损害,并且这些都要体现在施工组织设计中。

（8）承包人在工程完工后应进行场地清理,并撤退其人员、施工设备和剩余材料。工程未移交前,承包人还应负责对工程的照管和维护,移交后承包人应承担保修期_____年内的缺陷修复工作。

2.3 监理人的职责和权限

（1）监理人应严格按合同规定公平、公正、公开地履行其职责。

（2）总监、总监代表及监理工程师应在开工通知发布前由发包人通知承包人,易人时应由发包人及时通知承包人。

（3）监理人可以行使对工程所有部位及其任何一项工艺、材料和工程设备的质量检查、检验权,可行使水利厅农水处授予的对工程参建各方的检查、监督权,可行使本合同及监理委托合同规定的和合同中隐含的其他一切权力。

3.本合同争议尽量双方友好协商解决,也可请政府主管部门或行业合同争议调解机构解决;若仍未达成一致意见的,可向仲裁机构提请仲裁或向法院提请诉讼。

4.本合同经双方法定代表人或其委托代理人签字(盖章)并加盖本单位公章后生效;承包人已将合同工程全部移交给发包人,且保修期满,合同双方未遗留合同规定应履行的义务时,合同自然终止。

5.本合同正本一式两份,具有同等法律效力,由双方各执一份;副本四份,发包人两份,承包人、监理人各一份。

二、农村饮水安全工程监理合同

农村饮水安全工程

监 理 合 同

合同编号：_____

委托人：_____

监理人：_____

年　月　日

农村饮水安全工程监理合同

委托人：

监理人：

合同编号：

签订地点：

签订时间：

依据《中华人民共和国合同法》，××市××县(以下简称委托人)与××监理咨询公司(以下简称监理人)，就本项目建设有关事项，经双方协商一致，订立本合同。

一、委托人委托监理人按本合同要求对××县××年农村饮水安全工程项目进行建设监理。

二、委托人委托监理人实施监理的内容为：

1.单位工程名称：

2.计划下达连队数：

3.计划总投资：

4.工程总工期：

三、本项目监理的期限自　　年　　月　　日至　　年　　月　　日。

四、本合同监理总报酬为(大写)×××元，由委托人按本合同条款约定的方式、时间向监理人结算支付。

五、本合同书经双方法定代表人签字(盖章)并加盖本单位公章后生效。

六、本合同书一式两份，具有同等法律效力，由双方各执一份。

委　托　人：(盖章)　　　　　　　　监　理　人：(盖章)

法定代表人：(签章)　　　　　　　　法定代表人：(签章)

邮　　编：　　　　　　　　　　　　邮　　编：

电　　话：　　　　　　　　　　　　电　　话：

传　　真：　　　　　　　　　　　　传　　真：

开户银行：　　　　　　　　　　　　开户银行：

账　　号：　　　　　　　　　　　　账　　号：

地　　址：　　　　　　　　　　　　地　　址：

合同条款

（词语涵义及适用语言）

第一条 下列名词和用语,除上下文另有规定外,具有本条所赋予的涵义。

1.委托人是指承担直接投资责任的、委托监理业务的法人及其合法继承人。

2.监理人是指承担监理业务和监理责任的法人以及其合法继承人。

3.承包人是指与委托人签订工程建设合同的施工人。

4.本合同是指经双方签署并生效的本监理合同。

监理依据

第二条 监理工作的依据是国家和省颁发的《农村人畜饮水项目建设管理办法》、《×××省农村人畜饮水项目建设管理实施细则》、《×××省农村饮水安全工程建设管理实施办法》、《机井技术规范》(SL 256—2000)以及工程建设合同文件和本合同。

通知和联系

第三条 为便于工作;委托人应授权一名熟悉本工程情况、对工程建设中的一些重大问题能迅速作出决定的代表,负责与监理人员联系。该代表确定为×××同志,联系电话×××,更换代表时,应提前3天通知监理人员。

监理人的义务和责任

第四条 本合同监理范围以批复的计划为准,监理内容为施工阶段的监理,监理人应按照上述约定的监理范围和内容,正常有序地开展监理工作,完成本合同所约定的监理任务,并承担相应的监理责任。

第五条 在监理期限内,监理人可根据工程进展情况和监理业务量的大小,对监理人员进行合理的调整。

第六条 监理人员应按照施工作业程序对工程建设进行巡视式监理。

第七条 监理人员所使用的委托人提供的设备、设施,除有特殊规定外,产权属于委托人。在本合同终止后,应及时移交给委托人。

第八条 如因项目建设进度的推迟或延误超过本监理合同约定的期限,监理人应就延长监理期限与委托人协商并签订补充协议。

第九条 监理人对承包人因违反有关工程建设合同规定而造成的质量事故和完工(交图、交货、交工)时限的延期不承担责任。

委托人的义务和责任

第十条 委托人在监理人开展工作前应向监理人员提供下列有关项目建设的文件资料和信息。

1. 经上级主管部门批准的"十二五"规划、"实施方案"、年度计划等;
2. 工程建设合同文件;
3. 单位工程进度计划;
4. 材料设备政府采购计划;
5. 计划下达连队负责人联系电话。

第十一条 委托人应负责组织召集承包人准时参加由监理人员主持召开的会议。

第十二条 委托人应采取有效的手段,协助监理人做好工程实施阶段工程见证和各种信息的收集、整理和归档工作,并保证现场记录、试验、检验以及质量检查等数据的完整性和准确性。

第十三条 委托人无偿向监理人员提供工作期间所必须的办公、食宿、交通和通信条件,保证监理工作顺利开展。

第十四条 委托人应当履行监理合同约定的责任、义务,如有违约,应赔偿因违约给监理人造成的经济损失。

监理人的权利

第十五条 监理人有如下权利:

1. 选择工程施工、设备和材料供应等单位的建议权。
2. 承包人选择的分包项目和分包单位有确认权和否认权。
3. 有权抽查井位落实是否符合"十一五"规划要求,井的结构、设备、材料、外观尺寸是否符合"实施方案"要求。
4. 按工程建设合同规定发布开工令、停工令、返工令和复工令。
5. 有权抽查施工质量是否符合规范要求。
6. 有权要求承包人撤换不称职的现场施工和管理人员。
7. 有权要求承包人增加和更换施工设备,由此增加的费用和工期延误责任由承包人自己承担。
8. 代表主管部门行使对项目实施的检查权和监督权。

委托人的权利

第十六条 有权选定工程设计单位和承包人。

第十七条 有对工程款支付、结算的最终决定权。

第十八条 有权要求监理人更换不称职的监理人员。

监理报酬

第十九条 正常的监理业务报酬,按照规定计取,委托人应在合同生效后一个月内以转账方式支付监理报酬的50%,余额监理期满一次结清。

第二十条 监理人根据委托人要求,完成额外监理工作应得到的额外报酬,或因工期延长增加的报酬,应按监理补充协议约定的方法计取,其支付方式、期限等应按正常监理报酬的规定进行。

第二十一条 委托人在约定的支付期限内未支付监理报酬,自约定支付之日起到实际支付之日止,还应支付滞纳金或利息。

第五节　农村饮水安全工程项目划分表

农村饮水安全工程项目划分表

单位工程	分部工程	单元工程	工序
按县每批饮水计划项目为一单位工程	每一眼井及其附属工程为一分部工程	水源井凿井工程	水源井钻孔
			水源井管材及制作
			水源井下管
			水源井滤料填放
			水源井封井
			水源井机泵安装
			水源井洗井及抽水试验
		水源井泵房工程	基础
			墙体
			门窗
			屋面
		供水设备安装工程	清水箱（池）
			曝气箱（池）
			水处理设备
			压力罐、变频设备
		供水管道安装工程	沟槽开挖及管道安装
			沟槽回填及管道冲洗消毒

第三章　工程验收鉴定管理

　　工程竣工验收是加强政府监督管理,保障工程质量的一个重要制度;工程验收鉴定书是各行政主管部门、建设单位对工程建设质量达到验收合格状态的标志,工程验收贯穿整个建设过程,在工程建设过程中处于举足轻重的地位。

　　由于农村饮水安全工程存在着建设规模小、造价低和工程技术含量少等因素,因此工程验收可只分为分部工程验收、初步工程验收和竣工验收三个部分。本章根据《水利水电建设工程验收管理规程》(SL 223—2008)规定的分部工程验收鉴定书、单位工程验收鉴定书、竣工验收鉴定书格式和竣工验收主要工作报告内容格式,结合农村饮水安全工程建设管理实际,简化修订而成,着重解决了各部门投资兴建的农村饮水安全工程步骤、建设管理程序不一致、格式不统一、程序烦琐等问题,有效地保障了投资效益。

第一节　分部工程验收鉴定书格式

农村饮水安全工程

分 部 工 程 验 收 签 证

单位工程名称：_____

分部工程名称：_____

验 收 时 间：_____年___月___日

验 收 地 点：_____

一、基本情况

二、设计技术指标

   1. 水源井：

   2. 泵房：

   3. 设备：

   4. 管道：

三、钻井情况

开孔日期 ___年___月___日	终孔日期___年___月___日
设计井深 ___ m	终孔井深___m
设计井径 ___ mm	终口井径___mm
井管长度 ___ m	实管长度___m
滤水管长 ___ m	井管类型_____
井管壁厚 ___ mm	井管外径___mm
连接方式 ___	地面高度___m
回填滤料 ___mm	体　　积___m³

四、洗井情况

洗井方式 _____	延续时间 ___ h
洗井前井深 _____ m	洗井后井深___ m
沉沙厚度 _____ m	

五、抽水试验情况

抽水方式 _____   延续时间 _____ h

静水位埋深 _____ m   动水位埋深 _____ m

单位涌水量 _____ m³/h   平均渗透系数 _____ m/s

六、供水设备情况

水泵产地_____

水泵类型_____   型号：_____

扬　　程_____ m   出水量_____ m³/h

动力类型_____   功　率_____ kW

泵管类型_____   泵管外径_____ mm

水泵下深_____ m

压力罐产地_____   压强 _____   容积 _____ m³

变频设备产地_____   设备型_____   流量_____

扬程：_____

水处理设备产地_____   滤速_____ m/h   滤层厚度 _____ m

工作压力：_____MPa   反冲洗压力_____ L/(m² · s)

七、钻井柱状及井身结构图

层序	地层深度（m）	地层厚度（m）	地质柱状图（比例尺1∶1）	岩性	井管结构		回填滤料
					井身结构图	类型	

八、泵房及管道完成情况

泵房结构＿＿＿＿＿＿＿＿＿＿＿　　　泵房面积＿＿＿＿＿＿m²

管道结构＿＿＿＿＿＿＿＿＿＿＿　　　管道长度＿＿＿＿＿m

九、水文地质情况简述

十、水质分析结果

物理性质	气味			碳酸根	
	口味			硝亚酸根	
	色度			硝酸根	
	透明度			氟	
	悬浮物			酚	
化学性质	钾	mg/L	化学性质	硒	
	钠	mg/L		汞	
	钙	mg/L		镉	
	镁	mg/L		铬	
	三价铁			砷	
	二价铁			总硬度	
	铵	mg/L		总碱度	
	铜			pH 值	
	铅			游离 CO_2	
	锌			侵蚀 Ca_2	
	锰			耗氧量	
	氯	mg/L		固形物	
	硫酸根	mg/L	细菌指标	细菌总数	
	重碳酸根	mg/L		大肠菌群	

十一、工程内容及施工经过

1. 开、竣工时间：

2. 完成主要工程内容及工程量：

3. 完成投资（国投、自筹）：

4. 施工组织人员及设备：

5. 施工方法：

十二、质量事故及缺陷处理

十三、质量评定

十四、存在问题及处理意见

十五、验收结论

分部工程验收签字表

成 员	姓 名	单 位	职 务 职 称	签 字

第二节　初步验收鉴定书格式

农村饮水安全工程

××县××××年农村饮水安全工程初步验收

鉴 定 书

年　　月

农村饮水安全工程初步验收委员会

初 步 验 收 鉴 定 书

验收主持单位：

建设单位：

项目法人：

监理单位：

设计单位：

县参验单位：

运行管理或受益单位：

承建单位：

验收日期： 年 月 日至 年 月 日

验收地点：

××县××××年农村饮水安全工程初步验收鉴定书

依据《农村饮水安全工程验收管理办法》的规定,由××主持,由××等部门组成××县××××年农村饮水安全工程初步验收委员会。委员会于××××年××月××日至××××年××月××日查看了工程现场,听取了相关单位的汇报,查阅了工程资料,鉴定了工程质量,检查了工程运行情况,并对发现的问题提出了处理意见,形成了×××工程初步验收鉴定书。

一、工程概况

(一)工程位置及任务

(二)工程主要建设内容

二、工程施工过程

三、工程完成情况

四、工程质量评定

五、资金到位及使用情况

六、工程管理情况

七、内业资料整理情况

八、存在的问题及处理意见

九、验收结论

十、初步验收委员会委员签字表

初步验收委员会成员签字表

成员	姓　名	单　位	职　务 职　称	签　字
主　任 委　员				
副主任 委　员				
副主任 委　员				
委　员				
委　员				
委　员				
委　员				
委　员				
委　员				
委　员				
委　员				
委　员				
委　员				

第三节　竣工验收鉴定书格式

农村饮水安全工程

××县××××年农村饮水安全工程竣工验收

鉴　定　书

年　月

农村饮水安全工程竣工验收委员会

竣 工 验 收 鉴 定 书

验收主持单位：

建设单位：

项目法人：

监理单位：

设计单位：

市参验单位：

运行管理或受益单位：

承建单位：

验收日期：　　　年　月　日至　　　　年　月　日

验收地点：

××县××××年农村饮水安全工程竣工验收鉴定书

　　根据××市水务局××××年度农村饮水安全工程竣工验收的申请,依据《农村饮水安全工程验收管理办法》的规定,由市水务局主持,由××等部门组成××县××××年农村饮水安全工程竣工验收委员会。委员会于××××年××月××日至××××年××月××日查看了工程现场,听取了有关单位的汇报,查阅了工程资料,鉴定了工程质量,检查了工程运行情况,并对发现的问题提出了处理意见,形成了××县××××年农村饮水安全工程竣工验收鉴定书。

　　一、工程概况

　　(一)工程位置及主要建设内容

　　(二)工程计划投资情况

　　(三)工程建设有关单位

　　(四)工程施工过程

　　二、合同执行情况

　　三、工程质量评定情况

　　四、资金使用情况

　　五、工程建设及管理情况

　　六、质量事故及处理情况

　　七、对遗留问题的说明

　　八、验收结论

　　九、验收委员会委员签字表

　　十、被验单位代表签字表

验收委员会成员签字表

成　员	姓　名	单　位	职　务 职　称	签　字
主　任 委　员				
副主任 委　员				
副主任 委　员				
委　员				
委　员				
委　员				
委　员				
委　员				
委　员				
委　员				
委　员				
委　员				

被验收单位签字表

姓　名	单位(全称)	职务和职称	签　字	备　注
	项目法人： ×××			
	建设单位： ×××			
	监理单位： ×××			
	设计单位： ×××			
	施工单位： ×××			
	运行管理单位： ×××			

第四节 饮水安全工程实际受益人口和补助资金到位统计表

_____市_____县

乡(镇)	工程措施	受益人口(人)	资金(万元)		签名
			中央补助	地方自筹	

第五节 饮水安全项目验收内容和评分标准

饮水安全项目验收内容和评分标准表

内容	分值	细化条款及评分标准	得分
总分	100		
一、组织领导	5	1. 政府纳入任期目标考核内容,层层签订责任书。(2分)	
		2. 农村饮水安全工作领导组织协调机构健全,并有主要领导挂帅,具体领导分管,部门协作好。(1分)	
		3. 水利局设有饮水安全办事机构,人员组织合理,职责明确,并有专门工程技术人员负责。(2分)	
二、任务完成	30	1. 严格按照国家有关标准安排。有符合实际的总体规划、年度实施计划(3分),并将规划村(家庭水窖按户)建卡(2分)。共5分	
		2. 实际解决与建卡规划基本一致(占90%以上)。(5分)	
		3. 全面完成项目计划和效益计划,且工程项目及附属设施按规定标准完成。(15分)	
		4. 开展技术培训,加强技术指导和服务。(3分)	
		5. 宣传报道有力,农村饮水安全工作深入人心。(2分)	

续表

内容	分值	细化条款及评分标准	得分
总分	100		
三、工程质量	35	1. 施工组织健全,有施工负责人和技术负责人。(3分)	
		2. 工程布局合理,按设计图纸施工(3分)。土建质量好,配套设施齐全,结构尺寸达到要求,水池无渗水、垮塌、沉陷现象(6分),材料符合设计要求,灰浆饱满,外形美观,环境卫生,管道安装和机电设备安装规范(6分)。(共15分)	
		3. 工程水质、水量、方便程度和保证率满足《农村饮用水安全卫生评价指标体系》安全规定。(共12分)	
		4. 财务账目清楚,审计合格。(5分)	
四、资金投入	15	1. 国补资金足额、及时、到位。(5分)	
		2. 地方财政配套资金按计划落实(5分),落实50%以上(2分),未落实(0分)	
		3. 自筹资金按计划到位(5分),落实70%以上(3分),落实70%以下(0分)	
五、管理工作	15	1. 完整的工程竣工资料和决算报告。(2分)	
		2. 对所解决的饮水安全的村建档建卡,装订成册。(2分)	
		3. 已竣工的工程有专人管理,各项管理制度落实。(3分)	
		4. 集中供水工程水费的核算和征收落实。(2分)	
		5. 集中供水工程的工程折旧费按规定提留专户储存。(2分)	
		6. 按时、按质上报规定的统计资料。(4分)	

第六节　各类工作报告编制大纲

一、农村饮水安全工程试运行工作报告编制提纲

1. 工程概况

2. 管理单位筹建及参与工程建设情况

3. 工程试运行情况

3.1　工程运行过程中各项指标是否达到设计标准

3.2　观测情况

3.3　受益群众对工程建设质量及用水后的意见反馈

3.4　出现的问题及原因

4. 对工程建设及管理的意见和建议

包括对设计、承建、项目法人的建议，从建设为管理创造条件出发提出建议。

二、农村饮水安全工程建设管理工作报告编制提纲

1. 工程概况

包括工程位置、主要建设内容、工程投资、主要技术指标、计划批复单位及日期、实施方案批复单位及日期。

2. 施工过程

3. 项目管理

3.1　机构设置及工作情况。包括建设、设计、监理、承建单位，上级主管部门、质量监督部门等为工程建设服务的机构设置及工作情况。

3.2　工程招投标过程。

3.3　计划投资与实际执行情况，投资来源及完成情况，投资调整的主要原因。

3.4　合同管理。主要反映工程所采用的合同类型、合同执行结果。

3.5　材料及设备供应。主要反映材料、主要设备的供应方式，材料及设备供应对工程建设的影响，工程完成时是否做到工完料清。

3.6　价款结算与资金筹措。包括项目法人筹资方式、资金筹措对工程建设的影响、合同价款的结算方法和特殊问题的处理情况、至竣工时有无工程款拖欠情况。

4. 工程质量

工程质量管理体系、主要工程质量控制标准、单元工程和分部工程质量数据

统计、质量事故处理结果等。

5. 工程初期运行情况

包括工程试运行情况、对工程进行观测及观测资料分析结果等。

6. 工程移交及遗留问题处理

已完工程移交情况,到验收时为止尚存在的遗留问题和处理意见。

7. 竣工决算

竣工决算结论、方案设计与实际完成的主要工程量和主要材料消耗量对比、增减原因分析,以及竣工审计结论等。

8. 经验与建议

三、农村饮水安全工程施工管理工作报告编制提纲

1. 工程概况

包括工程位置、工程布置、主要建设内容等。

2. 施工准备

包括技术准备、物资准备、施工作业准备。

3. 主要施工方法

施工中采取的主要施工方法及应用于本工程新技术、新设备、新方法和新材料

4. 施工质量管理

施工质量保证体系建设及实施情况,质量事故及处理情况,工程施工质量自检情况等。

5. 文明施工与安全生产

6. 价款结算与财务管理

合同价款与实际结算价的分析,盈亏的主要原因等。

7. 经验与建议

四、农村饮水安全工程监理管理工作报告编制提纲

1. 工程概况

2. 监理机构运行情况

2.1　监理组织人员配置情况

2.2　监理人员工作情况

2.3　监理的责任、义务落实情况

3. 监理过程

3.1　工程质量控制

3.2 工程进度控制

3.3 工程投资控制

3.4 合同管理

3.5 信息管理

3.6 协调工作

4.监理效果

4.1 工程质量情况(合格率、优良率及各项指标)

4.2 施工单位、建设单位反映情况

5.监理本工程的体会

5.1 监理过程中总结的经验

5.2 对今后监理工作的建议

第三章 工程质量评定常用表式

工程质量评定是工程建设质量是否达到合格标准的依据,施工质量评定表是工程质量评定的标志,也是保证工程质量的一种有效手段。

本章根据相关标准和规定,结合农村饮水安全工程建设实际,参考部分地区做法,搜集整理修订而成,为农村饮水安全工程施工质量评定提供了统一的表格格式,解决各单位对表格填写的要求和对相关技术标准的理解产生的差异,进一步提高填写表格的准确性和完整性。

第一节 单位工程质量评定表

饮水安全工程单位工程质量评定表

工程项目名称			施工单位				
单位工程名称			施工日期	年 月 日至　年 月 日			
单位工程量			评定日期	年 月 日			

序号	分部工程名称	质量等级		序号	分部工程名称	质量等级	
		合格	优良			合格	优良
1				6			
2				7			
3				8			
4				9			
5				10			

分部工程共_____个,其中优良_____个,优良率_____%。

原材料质量	
中间产品质量	
金属结构制造、安装质量	
施工质量检验资料	
质量事故情况	
百分制考核	

施工单位自评等级:	建设(监理)单位复核等级:
评定人:	复核人:
项目经理:　　(公章)	建设(监理)单位负责人:　　(公章)
年 月 日	年 月 日

第二节 分部工程质量评定表

饮水安全工程分部工程质量评定表

单位工程名称			施工单位		
分部工程名称			施工日期	年 月 日至 年 月 日	
分部工程量			评定日期	年 月 日	
项次	单元工程类别	工程量	单元工程个 数	合格个数	其中优良个 数	备 注
1						
2						
3						
4						
5						
6						
合 计						

施工单位自评意见	建设(监理)单位复核意见
分部工程的单元工程质量全部合格。其中优良个数____，优良率为____%，施工中____发生过____质量事故。原材料质量____，金属结构制造、安装质量____，机电产品质量____，中间产品质量____。 分部工程质量等级： 质检部门评定人： 项目经理：　　　　(公章) 　　　　　　　　年 月 日	复核意见： 分部工程质量等级： 复核人： 建设(监理)单位负责人：　(公章) 　　　　　　　　年 月 日

第三节 水源井凿井单元工程质量评定表

饮水安全工程水源井凿井单元工程质量评定表

单位工程名称		井深	设计:
			实际:
分部工程名称		承建单位	
单元工程名称		评定日期	

序号	工序	质量等级	
		合格	优良
1	△钻孔		
2	△管材制作		
3	△下管		
4	滤料填放		
5	封井		
6	△机泵安装		
7	洗井及抽水试验		

评定意见	质量等级
工序质量全部合格,主要工序质量_____,工序优良率为_____%。	
施工单位 　　　　　　　　年　月　日	建设(监理)单位 　　　　　　　　年　月　日

注:单元工程质量标准:合格为工序质量全部合格;优良为工序质量全部合格,优良工序达70%及其以上,且主要工序全部优良。

水源井凿井单元工程质量评定工序见表 1~表 7。

表 1 饮水安全工程水源井钻孔工序质量评定表

单位工程名称			井深	设计：
				实际：
分部工程名称			承建单位	
单元工程名称			检验日期	

序号	检查项目	检验记录	质量等级	
			合格	优良
1	钻孔机型满足施工要求			
2	井位与设计相符			
3	△井孔直径不得小于设计井径 20 mm			
4	△井孔斜度小于 2°为合格,小于 1°为优良			
5	井深满足设计出水量要求			

评定意见	质量等级
检查项目全部符合质量标准,主要检查项目质量_____,检查项目优良率为_____ %。	
施工单位 　　　　　　　　　　　　　　　　年 月 日	建设(监理)单位 　　　　　　　　　　　　　　　　年 月 日

注:工序工程质量标准:合格为主要项目达到质量评定标准,一般检查项目基本符合质量标准要求;优良为一般检查项目基本符合质量标准要求,主要项目全部达到质量优良评定标准。

表 2　饮水安全工程水源井管材及制作工序质量评定表

单位工程名称			工程量	井管	m
分部工程名称			承建单位		
单元工程名称			检验日期		

序号	检查项目	检验记录	质量等级	
			合格	优良
1	△井管制作满足设计和技术规范要求,管壁厚不小于 5 mm			
2	△滤水管透水面积满足设计出水要求			
3	沉淀管长 4~8 m			
4				
5				

评定意见	质量等级
检查项目全部符合质量标准,主要检查项目质量_____,检查项目优良率为_____％。	

施工单位　　　　　　　　　　　　　年　月　日	建设(监理)单位　　　　　　　　　　　　　年　月　日

注:工序工程质量标准:合格为主要项目达到质量评定标准,一般检查项目基本符合质量标准要求;优良为一般检查项目基本符合质量标准要求,主要项目全部达到质量优良评定标准。

表3 饮水安全工程水源井下管工序质量评定表

单位工程名称		工程量	井深	m
分部工程名称		承建单位		
单元工程名称		检验日期		

序号	检查项目	检验记录	质量等级	
			合格	优良
1	△井管与井孔偏心距小于5 cm为优良,小于6 cm为合格			
2	△井管垂直度小于1°为优良,小于2°为合格			
3	接管对正、接直、封闭严密,接管处强度满足下管安全和成井质量要求			
4				
5				

评定意见	质量等级
检查项目全部符合质量标准,主要检查项目质量_____。检查项目优良率为_____%。	

施工单位	建设(监理)单位
年　月　日	年　月　日

注:工序工程质量标准:合格为主要项目达到质量评定标准,一般检查项目基本符合质量标准要求;优良为一般检查项目基本符合质量标准要求,主要项目全部达到质量优良评定标准。

表4 饮水安全工程水源井滤料填放工序质量评定表

单位工程名称			工程量	滤料	m³
分部工程名称			承建单位		
单元工程名称			检验日期		

序号	检查项目	检验记录	质量等级	
			合格	优良
1	△滤料规格尽量与含水层岩性相适应,一般采用混合料,粗砂粒径5~7.5 mm,中砂粒径2~4 mm,细砂粒径1~2 mm			
2	△滤料厚度80~100 mm			
3	滤料填筑高度要符合设计			
4	填料方法由井管四周均匀投放			
5				

评定意见	质量等级
检查项目全部符合质量标准,主要检查项目质量_____。检查项目优良率为_____%。	
施工单位 年 月 日	建设(监理)单位 年 月 日

注:工序工程质量标准:合格为主要项目达到质量评定标准,一般检查项目基本符合质量标准要求;优良为一般检查项目基本符合质量标准要求,主要项目全部达到质量优良评定标准。

表5 饮水安全工程水源井封井工序质量评定表

单位工程名称			工程量	黏土	m³
分部工程名称			承建单位		
单元工程名称			检验日期		

序号	检查项目	检验记录	质量等级	
			合格	优良
1	△封井材料除特殊要求外,一般用黏土球封井,土球直径 25 ~ 30 mm,黏土球必须揉实风干,风干后表面无裂纹,内部湿润,含水量约为 20%			
2	△封井长度应符合设计要求,上下偏差不超过 300 mm			
3	井口封闭用黏土沿井管四周分层夯实填入,直至井口			
4	对非计划开采的含水层,其封闭位置应超过不含水层顶底板各不少于 5 m			
5				

评定意见	质量等级
检查项目全部符合质量标准,主要检查项目质量_____。检查项目优良率为_____%。	

施工单位		建设(监理)单位	
	年 月 日		年 月 日

注:工序工程质量标准:合格为主要项目达到质量评定标准,一般检查项目基本符合质量标准要求;优良为一般检查项目基本符合质量标准要求,主要项目全部达到质量优良评定标准。

表6 饮水安全工程水源井机泵安装工序质量评定表

单位工程名称			工程量		装机容量	
分部工程名称			承建单位			
单元工程名称			检验日期			

序号	检查项目	检验记录	质量等级	
			合格	优良
1	水泵扬程、吸程、流量满足设计要求			
2	△水泵安装井管内径与泵体外径间距:金属管大于 50 mm,非金属管大于 100 mm			
3	电动机功率是水泵功率的 1.1～1.3 倍,柴油机功率是水泵功率的 1.2～1.4 倍			
4	△机座平稳、坚固,运行时不沉陷和倾斜			
5				

评定意见	质量等级
检查项目全部符合质量标准,主要检查项目质量_____。检查项目优良率为_____%。	

施工单位	建设(监理)单位
年 月 日	年 月 日

注:工序工程质量标准:合格为主要项目达到质量评定标准,一般检查项目基本符合质量标准要求;优良为一般检查项目基本符合质量标准要求,主要项目全部达到质量优良评定标准。

表7 饮水安全工程水源井洗井及抽水试验工序质量评定表

单位工程名称			
分部工程名称		承建单位	
单元工程名称		检验日期	

序号	检查项目	检验记录	质量等级	
			合格	优良
1	△洗井后,井底沉淀物小于井深的 5/1 000;洗井完,抽水 30 min 后取水样,用容积法测定,中细砂含水层不超过 1/20 000,粗砂、砾石不超过 1/50 000			
2	洗井后自上而下逐层进行,洗井后达到设计出水量			
3	△抽水试验要连续,不得停歇,如有停歇,重新进行			
4	抽水试验水位稳定持续时间:松散地层不小于 8 h,基岩或贫水层应延长时间			
5	有动水位、静水位观测记录及抽水试验成果			

评定意见	质量等级
检查项目全部符合质量标准,主要检查项目质量_____。检查项目优良率为_____ %。	

施工单位		建设(监理)单位	
	年 月 日		年 月 日

注:工序工程质量标准:合格为主要项目达到质量评定标准,一般检查项目基本符合质量标准要求;优良为一般检查项目基本符合质量标准要求,主要项目全部达到质量优良评定标准。

第四节 水源井泵房单元工程质量评定表

饮水安全工程水源井泵房单元工程质量评定表

单位工程名称			工程量	m²
分部工程名称			承建单位	
单元工程名称			检验日期	

序号	工序	质量等级	
		合格	优良
1	△基础		
2	△墙体		
3	门窗		
4	屋面		

评定意见	质量等级
工序质量全部合格,主要工序质量_____,工序优良率_____%。	

施工单位	建设(监理)单位
年 月 日	年 月 日

注:单元工程质量标准:合格为工序质量全部合格;优良为工序质量全部合格,优良工序达70%及其以上,且主要工序全部优良。

水源井泵房单元工程质量评定工序见表1～表4。

表1 饮水安全工程基础工序质量评定表

单位工程名称		工程量	
分部工程名称		承建单位	
单元工程名称		检验日期	

序号	检查项目	检验记录	质量等级 合格	质量等级 优良
1	基底土性符合设计要求,严禁扰动			
2	基底标高符合设计要求,偏差±30 mm			
3	基础尺寸、结构与设计相符			
4	△地基圈梁断面尺寸、混凝土强度符合设计要求			
5	回填料符合设计要求,分层夯实			
6	△室内地面铺筑水泥砂浆,地面符合设计要求			

评定意见	质量等级
检查项目全部符合质量标准,主要检查项目质量_____。检查项目优良率为_____%。	

施工单位 年 月 日	建设(监理)单位 年 月 日

注:工序工程质量标准:合格为主要项目达到质量评定标准,一般检查项目基本符合质量标准要求;优良为一般检查项目基本符合质量标准要求,主要项目全部达到质量优良评定标准。

207

表2 饮水安全工程墙体工序质量评定表

单位工程名称		工程量			
分部工程名称		承建单位			
单元工程名称		检验日期			

序号	检查项目	检验记录	质量等级	
			合格	优良
1	砖和砂浆强度等级必须符合设计要求			
2	砌筑体转角处和交接处应同时砌筑,严禁无可靠措施的内外墙分砌施工			
3	△墙体与周边构建的拉结应符合设计要求,防止墙体开裂的构造措施应符合设计及施工技术要求			
4	△水平灰缝砂浆饱满度≥80%			
5	△墙体砌筑垂直度≤10 mm			
6	墙体摸灰分层进行,抹面与各抹面层之间黏结牢固			
7	外墙贴砖,饰面砖的质量合格,饰面砖表面应平整、方正、洁净、色泽一致、无裂痕和缺损。饰面砖黏贴牢固、无空鼓裂缝			

评定意见	质量等级
检查项目全部符合质量标准,主要检查项目质量_____。检查项目优良率为_____%。	

施工单位	建设(监理)单位
年 月 日	年 月 日

注:工序工程质量标准:合格为主要项目达到质量评定标准,一般检查项目基本符合质量标准要求;优良为一般检查项目基本符合质量标准要求,主要项目全部达到质量优良评定标准。

表3 饮水安全工程门窗工序质量评定表

单位工程名称		工程量	
分部工程名称		承建单位	
单元工程名称		检验日期	

序号	质量标准	检验记录	质量等级	
			合格	优良
1	△门窗的品种、类型、规格、尺寸、性能、开启方向、安装位置、连接方式及填嵌、封闭处理符合设计要求			
2	门窗框的安装牢固,位置正确,满足使用要求			
3	门窗框与墙体间的缝隙应填嵌饱满			
4	门窗扇开启灵活,关闭严密,无倒翘			
5	门窗应洁净、平整、光滑,大面无划痕、碰伤			
6	△门窗框的正、侧面垂直度偏差小于3 mm			
7	△安装后的门窗玻璃牢固,严禁有裂纹、损坏和松动			

评定意见		质量等级
检查项目全部符合质量标准,主要检查项目质量_____。检查项目优良率为_____%。		

施工单位	年 月 日	建设(监理)单位	年 月 日

注:工序工程质量标准:合格为主要项目达到质量评定标准,一般检查项目基本符合质量标准要求;优良为一般检查项目基本符合质量标准要求,主要项目全部达到质量优良评定标准。

表4 饮水安全工程屋面工序质量评定表

单位工程名称		工程量		
分部工程名称		承建单位		
单元工程名称		检验日期		

序号	检查项目	检验记录	质量等级	
			合格	优良
1	采用钢板屋面的,板材及辅助材料规格质量达到行业要求标准			
2	挂瓦条、平瓦及质量符合设计要求			
3	平瓦铺盖牢固			
4	△泛水做法应符合设计要求,顺直整齐,结合紧密,无渗漏			
5	挂瓦条应分档均匀,铺钉平整、牢固;瓦面平整,行列整齐,搭接紧密,檐口平直			
6	△脊瓦应打盖正确,间距均匀,封闭严密;屋脊和斜脊应顺直,无起伏现象			

评定意见	质量等级
检查项目全部符合质量标准,主要检查项目质量_____。检查项目优良率为_____%。	

施工单位		建设(监理)单位	
	年 月 日		年 月 日

注:工序工程质量标准:合格为主要项目达到质量评定标准,一般检查项目基本符合质量标准要求;优良为一般检查项目基本符合质量标准要求,主要项目全部达到质量优良评定标准。

第五节 供水设备安装单元工程质量评定表

饮水安全工程供水设备安装单元工程质量评定表

单位工程名称		工程量	
分部工程名称		承建单位	
单元工程名称		检验日期	

序号	工序	质量等级	
		合格	优良
1	△清水箱(池)		
2	曝气箱(池)		
3	△水处理设备		
4	压力罐、变频设备		

评定意见	质量等级
工序质量全部合格,主要工序质量_____,工序优良率_____%。	

施工单位	建设(监理)单位
年 月 日	年 月 日

注:单元工程质量标准:合格为工序质量全部合格;优良为工序质量全部合格,优良工序达70%及其以上,且主要工序全部优良。

供水设备安装单元工程质量评定工序见表 1 ~ 表 4。

表 1　饮水安全工程清水箱(池)工序质量评定表

单位工程名称		工程量	容积	m³
分部工程名称		承建单位		
单元工程名称		检验日期		

序号	检查项目	检验记录	质量等级	
			合格	优良
1	△清水箱(池)现场制作组装的,材料的强度、厚度等指标符合相关规定,其容积满足设计要求			
2	清水箱(池)现场砌筑的,砌筑质量符合相关规定,其容积满足设计要求			
3	清水箱(池)购置的设备,其规格、尺寸、容积满足要求			
4	清水箱(池)观感质量良好,无渗漏			
5	△清水箱(池)使用环保材料,不污染水			
6	清水箱(池)安装位置正确,固定牢固			

评定意见	质量等级
检查项目全部符合质量标准,主要检查项目质量_____。检查项目优良率为_____%。	

施工单位		建设(监理)单位	
	年　月　日		年　月　日

注:工序工程质量标准:合格为主要项目达到质量评定标准,一般检查项目基本符合质量标准要求;优良为一般检查项目基本符合质量标准要求,主要项目全部达到质量优良评定标准。

表2　饮水安全工程曝气箱(池)工序质量评定表

单位工程名称			工程量	容积		m³
分部工程名称			承建单位			
单元工程名称			检验日期			

序号	检查项目	检验记录	质量等级	
			合格	优良
1	△曝气箱(池)现场制作组装的,材料的强度、厚度等指标符合相关规定,其容积满足设计要求			
2	曝气箱(池)现场砌筑的,砌筑质量符合相关规定,其容积满足设计要求			
3	曝气箱(池)购置的设备,其规格、尺寸、容积满足要求			
4	曝气箱(池)观感质量良好,无渗漏			
5	△曝气箱(池)使用环保材料,不污染水			
6	曝气箱(池)安装位置正确,固定牢固			

评定意见		质量等级	
检查项目全部符合质量标准,主要检查项目质量_____。检查项目优良率为_____%。			

施工单位	年　月　日	建设(监理)单位	年　月　日

注:工序工程质量标准:合格为主要项目达到质量评定标准,一般检查项目基本符合质量标准要求;优良为一般检查项目基本符合质量标准要求,主要项目全部达到质量优良评定标准。

表3 饮水安全工程水处理设备工序质量评定表

单位工程名称		工程量	规格、性能	
分部工程名称		承建单位		
单元工程名称		检验日期		

序号	检查项目	检验记录	质量等级	
			合格	优良
1	水处理设备规格、性能等指标符合使用要求,设备出厂合格证及产品的质量报告、说明书等资料齐全			
2	△水处理设备采用的工艺应符合相关规范的要求,水处理设备级配必须以处理前水质化验报告为基础			
3	水处理设备安装位置正确,固定牢固,垂直度、水平度满足规范要求			
4	△处理后水质达到饮用水标准			

评 定 意 见	质量等级
检查项目全部符合质量标准,主要检查项目质量_____。检查项目优良率为_____%。	

施工单位		建设(监理)单位	
	年 月 日		年 月 日

注:工序工程质量标准:合格为主要项目达到质量评定标准,一般检查项目基本符合质量标准要求;优良为一般检查项目基本符合质量标准要求,主要项目全部达到质量优良评定标准。

表4 饮水安全工程压力罐、变频设备工序质量评定表

单位工程名称		工程量		规格、性能	
分部工程名称		承建单位			
单元工程名称		检验日期			

序号	检查项目	检验记录	质量等级	
			合格	优良
1	△压力罐设备规格、性能等指标符合使用要求,设备出厂合格证及产品的质量报告、说明书等资料齐全			
2	压力罐设备安装位置正确,固定牢固,垂直度、水平度满足规范要求			
3	△变频设备规格、性能等指标符合使用要求,设备出厂合格证及产品的质量报告、说明书等资料齐全			
4	变频设备安装位置正确,固定牢固,设备运行正常			
5	变频设备接地装置敷设符合相关规定			

评定意见	质量等级
检查项目全部符合质量标准,主要检查项目质量_____。检查项目优良率为_____%。	

施工单位　　　　　　　　　　年　月　日	建设(监理)单位　　　　　　　　　年　月　日

注:工序工程质量标准:合格为主要项目达到质量评定标准,一般检查项目基本符合质量标准要求;优良为一般检查项目基本符合质量标准要求,主要项目全部达到质量优良评定标准。

第六节 供水管道单元工程质量评定表

饮水安全工程供水管道单元工程质量评定表

单位工程名称			工程量	干线: m
				支线: m
分部工程名称			承建单位	
单元工程名称			检验日期	

序号	主要工序	质量等级	
		合格	优良
1	△沟槽开挖及管道安装		
2	沟槽回填及管道消毒		

评定意见	质量等级
工序质量全部合格,主要工序质量_____。工序优良率为_____ %。	

施工单位　　　　　　　　　　年 月 日	建设(监理)单位　　　　　　　　　　年 月 日

注:单元工程质量标准:合格为工序质量全部合格;优良为工序质量全部合格,优良工序达70%及其以上,且主要工序全部优良。

供水管道单元工程质量评定工序见表1、表2。

表1 饮水安全工程沟槽开挖及管道安装工序质量评定表

单位工程名称			工程量	干线:	m
				支线:	m
分部工程名称			承建单位		
单元工程名称			检验日期		

序号	检查项目	检验记录	质量等级	
			合格	优良
1	沟槽挖深应达到冻层以下,宽度应满足安装要求			
2	△沟底平整,坡度顺畅,不应有尖硬物体、块石和杂物等			
3	△管材规格、压力等级、加工质量应符合设计要求,不得使用对水质有污染的材料			
4	△管道的接头应采取合理的连接方式,接头部位要严密,不漏(渗)水,不破坏其强度			
5	当地面纵向坡度大于18%时,防止柔性接管下滑,当地面纵坡大于36%时,应防止安装刚性管道下滑			
6	铸铁或钢管的埋地防腐应符合设计要求			
7	安装时不得使用对管道及水质有腐蚀或有污染的材料			

评定意见		质量等级
检查项目全部符合质量标准,主要检查项目质量_____。检查项目优良率为_____%。		

施工单位		建设(监理)单位	
	年 月 日		年 月 日

注:工序工程质量标准:合格为主要项目达到质量评定标准,一般检查项目基本符合质量标准要求;优良为一般检查项目基本符合质量标准要求,主要项目全部达到质量优良评定标准。

表 2　饮水安全工程沟槽回填及管道冲洗消毒工序质量评定表

单位工程名称		工程量	干线：	m
			支线：	m
分部工程名称		承建单位		
单元工程名称		检验日期		

序号	检查项目	检验记录	质量等级	
			合格	优良
1	△管道按规范进行水压试验不漏水后,才能进行沟槽回填			
2	沟槽回填料采用砂砾石回填的,质量要求应按设计规定执行;使用土料回填的,沟底至管顶上部50 cm范围内不能含有机物、冻土及大于5 cm的砖石块			
3	管道消毒冲洗时宜用不小于1.0 m/s的流速连续冲洗,直至出水口处浊度、色度与入水口处冲洗浊度、色度相同,满足饮用水卫生要求			

评定意见	质量等级
检查项目全部符合质量标准,主要检查项目质量_____。检查项目优良率为_____%。	

施工单位		建设(监理)单位	
	年　月　日		年　月　日

注:工序工程质量标准:合格为主要项目达到质量评定标准,一般检查项目基本符合质量标准要求;优良为一般检查项目基本符合质量标准要求,主要项目全部达到质量优良评定标准。

第七节　单井抽水试验水位、流量观测记录

井位　　　第　次抽水　　　　　　　　　　　年　月　日

日期	观测次序	观测时间			水位		水量		温度		值班观测员交接签字
		时	分	秒	由孔口算起深度(m)	由静止水位算起深度(m)	测量仪器读数	(L/s)	水温(℃)	气温(℃)	

附件

《小型农田水利及农村饮水安全工程
内业资料整编指南》条文说明

一、小型农田水利工程范围

总库容小于 1 000 万 m^3 或装机小于 50 MW 的小(Ⅰ)、小(Ⅱ)型水库、塘坝、蓄水池和池塘等蓄水工程；

装机小于等于 25 MW 的水力发电工程；

堤防等级小于 3 级的河道整治工程；

流量小于 0.5 m^3/s 的引调水工程；

面积小于 3 万亩(1 hm^2 =15 亩)和大中型灌区支渠以下的灌溉排涝工程；

城市人口小于 20 万人或工矿企业货币指数小于 0.5 亿元或保护农田面积小于 30 万亩的防护工程；

面积小于 0.5 万亩的围垦工程；

过闸流量小于 100 m^3/s 的拦河工程；

流量小于 10 m^3/s 或装机小于 1 MW 的灌排站、机电井等提水工程；

综合治理面积小于 1 500 hm^2 或治沟工程库容小于 50 万 m^3 的水土保持生态工程；

旱田节水灌溉工程等。

二、名词术语解释

项目法人:是项目建设的的责任主体,对项目建设的工程质量、工程进度、资金管理和生产安全负总责,并对项目主管单位负责。

建设单位:指工程项目建设组织、管理责任者,负责工程前期准备、资金筹措、建设实施和验收准备工作。在一定程度上可行使项目法人权力。

质量监督单位:指受政府委托根据国家法律、法规规定,对工程所具备的条件进行监督检查活动的第三方强制监督机构。

施工单位:指通过招标等方式被项目法人接受并与项目法人签订施工合同的单位。

设计单位:指受项目法人委托承担合同工程项目设计业务的单位及其合法继承者。

监理单位:指受项目法人委托承担工程项目建设监理任务,并与项目法人签订了工程项目建设监理合同的单位。监理单位为具有水行政主管部门颁发相应资质的水利专业监理公司。

工程变更:包括设计变更和施工变更,是指因设计条件、施工现场条件、设计或施工方案发生变化,或项目法人认为有必要时,为合同目的对方案或施工状态作出的改变与修改。

三、小型农田水利工程质量评定标准

(一)分部工程质量评定标准

合格标准:

(1)所含单元工程质量全部合格,质量事故及质量缺陷已按要求处理,并经检验合格;

(2)原材料、中间产品及混凝土(砂浆)试块质量全部合格,金属结构及启闭机制造质量合格,机电产品质量合格。

优良标准:

(1)所含单元工程质量全部合格,其中有70%以上达到优良等级,重量隐蔽单元工程和关键部位的单元工程质量优良率90%以上,且未发生过质量事故;

(2)中间产品质量全部合格,其中混凝土(砂浆)试块质量全部合格达到优良等级(当试件组数少于30时,试件质量合格)。原材料质量、金属结构及启闭机制造质量合格,机电产品质量合格。

(二)单位工程质量评定标准

合格标准:

(1)所含分部工程质量全部合格;

(2)质量事故已按要求进行处理;

(3)工程外观质量得分率达到70%以上;

(4)单位工程施工质量检验与评定资料基本齐全;

(5)工程施工期及试运行期单位工程观测资料分析结果符合国家和行业技术标准以及合同约定的标准要求。

优良标准:

(1)所含分部工程质量全部合格,其中有70%以上达到优良等级,主要分部

工程质量全部优良,且施工中未发生过重大质量事故;

(2)质量事故已按要求进行处理;

(3)外观质量得分率达到85%以上;

(4)单位工程施工质量检验与评定资料齐全;

(5)工程施工期及试运行期,单位工程观测资料分析结果符合国家和行业技术标准以及合同约定的标准要求。

(三)小型农田水利及农村饮水安全工程监理制

小型农田水利及农村饮水安全工程一律实行监理制,重点工程须到市(县)级水利工程质量监督站办理质量监督手续。

(四)单位工程开工报告审批

项目实施前由项目法人向具有审批权限的主管部门提出开工申请,由具有审批权限的主管部门审批。

(五)承建单位开工申请审批

开工前由承建单位向建设(监理)单位提出开工申请,由建设(监理)单位审批。

(六)重大工程变更审批

在水文、地质、工程任务、规模、工程布置及建筑物设计、施工组织、工程管理、征地移民、工程投资等方面与批准的初步设计相比有重大变化的工程变更,必须报原初步设计审批部门审批,变更审批后才能组织实施。